服装高等教育"十二五"部委级规划教材

服装陈列设计师教程

穆 芸 潘 力 编著

中国纺织出版社

内容提要

本书是服装高等教育“十二五”部委级规划教材，也是《视觉·服装——终端卖场陈列规划》一书的姐妹篇、提升篇。本书围绕着零售业服装服饰店铺、卖场，由浅至深地介绍了视觉营销陈列设计工作所要进行的项目和流程。书中各章皆采用大量图片和表格，以帮助学习者理解，并以作者自身参与的案例进行解读，并附有问题思考、调研作业。书中提供了大量具有时效性的欧洲、日本、韩国的最新陈列资料和图片，为陈列设计人员提供参考和学习。

本书适合高等服装院校、职业技术院校师生、服装行业品牌企划、服装服饰陈列设计师、各种服装服饰卖场销售人员和企业及社会培训机构的教学人员等使用。

图书在版编目（CIP）数据

服装陈列设计师教程／穆芸，潘力编著．—北京：中国纺织出版社，2014. 4（2022.1重印）
服装高等教育“十二五”部委级规划教材
ISBN 978-7-5064-9647-6

Ⅰ.①服…　Ⅱ.①穆…②潘…　Ⅲ.①服装—陈列设计—高等学校—教材　Ⅳ.①TS942.8

中国版本图书馆CIP数据核字（2013）第068177号

策划编辑：金　昊　　责任编辑：韩雪飞　　责任校对：余静雯
责任设计：何　建　　责任印制：储志伟

中国纺织出版社出版发行
地址：北京市朝阳区百子湾东里A407号楼　邮政编码：100124
销售电话：010—87155894　传真：010—87155801
http: //www.c-textilep. com
E-mail: faxing@c-textilep. com
官方微博 http: //weibo.com/2119887771
天津千鹤文化传播有限公司印刷　各地新华书店经销
2014年4月第1版　2022年1月第8次印刷
开本：889×1194　1/16　印张：12.75
字数：175千字　定价：68.00元

出版者的话

全面推进素质教育，着力培养基础扎实、知识面宽、能力强、素质高的人才，已成为当今教育的主题。教材建设作为教学的重要组成部分，如何适应新形势下我国教学改革要求，与时俱进，编写出高质量的教材，在人才培养中发挥作用，成为院校和出版人共同努力的目标。2011年4月，教育部颁发了教高[2011]5号文件《教育部关于“十二五”普通高等教育本科教材建设的若干意见》(以下简称《意见》)，明确指出“十二五”普通高等教育本科教材建设，要以服务人才培养为目标，以提高教材质量为核心，以创新教材建设的体制机制为突破口，以实施教材精品战略、加强教材分类指导、完善教材评价选用制度为着力点，坚持育人为本，充分发挥教材在提高人才培养质量中的基础性作用。《意见》同时指明了“十二五”普通高等教育本科教材建设的四项基本原则，即要以国家、省(区、市)、高等学校三级教材建设为基础，全面推进，提升教材整体质量，同时重点建设主干基础课程教材、专业核心课程教材，加强实验实践类教材建设，推进数字化教材建设；要实行教材编写主编负责制，出版发行单位出版社负责制，主编和其他编者所在单位及出版社上级主管部门承担监督检查责任，确保教材质量；要鼓励编写及时反映人才培养模式和教学改革最新趋势的教材，注重教材内容在传授知识的同时，传授获取知识和创造知识的方法；要根据各类普通高等学校需要，注重满足多样化人才培养需求，教材特色鲜明、品种丰富。避免相同品种且特色不突出的教材重复建设。

随着《意见》出台，教育部及中国纺织工业联合会陆续确定了几批次国家、部委级教材目录，我社在纺织工程、轻化工程、服装设计与工程等项目中均有多种图书入选。为在“十二五”期间切实做好教材出版工作，我社主动进行了教材创新型模式的深入策划，力求使教材出版与教学改革和课程建设发展相适应，充分体现教材的适用性、科学性、系统性和新颖性，使教材内容具有以下几个特点：

（1）坚持一个目标——服务人才培养。“十二五”普通高等教育本科教材建设，要坚持育人为本，充分发挥教材在提高人才培养质量中的基础性作用，充分体现我国改革开放30多年来经济、政治、文化、社会、科技等方面取得的成就，适应不同类型高等学校需要和不同教学对象需要，编写推介一大批符合教育规律和人才成长规律的具有科学性、先进性、适用性的优秀教材，进一步完善具有中国特色的普通高等教育本科教材体系。

（2）围绕一个核心——提高教材质量。根据教育规律和课程设置特点，从提高学生分析问题、解决问题的能力入手，教材附有课程设置指导，并于章首介绍本章知识点、重点、难点及专业技能，增加相关学科的最新研究理论、研究热点或历史背景，章后附形式多样的习题等，提高教材的可读性，增加学生学习兴趣和自学能力，提升学生科技素养和人文素养。

（3）突出一个环节——内容实践环节。教材出版突出应用性学科的特点，注重理论与生产实践的结合，有针对性地设置教材内容，增加实践、实验内容。

（4）实现一个立体——多元化教材建设。鼓励编写、出版适应不同类型高等学校教学需要的不同风格和特色教材；积极推进高等学校与行业合作编写实践教材；鼓励编写、出版不同载体和不同形式的教材，包括纸质教材和数字化教材，授课型教材和辅助型教材；鼓励开发中外文双语教材、汉语与少数民族语言双语教材；探索与国外或境外合作编写或改编优秀教材。

教材出版是教育发展中的重要组成部分，为出版高质量的教材，出版社严格甄选作者，组织专家评审，并对出版全过程进行过程跟踪，及时了解教材编写进度、编写质量，力求做到作者权威，编辑专业，审读严格，精品出版。我们愿与院校一起，共同探讨、完善教材出版，不断推出精品教材，以适应我国高等教育的发展要求。

中国纺织出版社

教材出版中心

序言

本书是凝聚了多年教学心得的服装陈列设计专业教材。大连工业大学自2006年开设视觉营销、陈列设计课程以来，以社会对服装陈列人才的需求为教学目标，以学生为本，提供给学生科学规范、具有可操作性的知识体系，包括陈列设计、卖场陈列管理、卖场陈列实践等课程，课程的设置是为了适应当今服装和时尚业的市场需求，是应用性、实践性极强的课程体系。

当前，在国内的各大人才招聘网站上，只要输入“陈列设计”，就会看到各行各业对该专业人才的迫切需求。不仅是服装服饰行业，如今已经涉及的还有家纺业、珠宝首饰业、各类日用品制造业、零售百货业、展示广告业、咨询培训公司等各行各业，所占比例最大的是服装服饰业。伴随着现代社会激烈的市场竞争，视觉营销陈列企划、服装陈列设计这一职业也显示出了从来没有过的重要性。过去，陈列设计重点强调的是橱窗、卖场的局部展示。今天，这一领域所涉及的范围已经极大地扩展，视觉营销、陈列设计工作已不再仅仅是陈列橱窗、装扮卖场，而是参与终端卖场规划、动线布局、道具设计、陈列企划、灯光布局、陈列管理等商品视觉策略陈列实施和执行的重要工作中。

服装陈列设计作为我校精品实践创新环节的优秀课程，在教学中从企业、零售业等服装服饰行业出发，探讨如何以战略化的思维参与卖场设计的陈列布局；从服装设计、商品企划营销的角度开展系列教学实践活动。本书从服装市场视觉营销的新视角出发，以全新的理念，严谨的研究方法，结合大量图片、表格和企业陈列实战的素材，打造了具有国际视野和企业实战经验的教材。《服装陈列设计师教程》作为指导教学的专业教材，有助于院校研究和借鉴开设陈列设计等相关课程，推动各服装院校为服装服饰企业培养规范、专业的人才。

在此感谢大连富哥男装品牌王蕾总经理提供的企业内部视觉营销陈列企划资讯和卖场图片；感谢大连友谊商城集团多年来提供的校企合作实践基地为师生提供了教学实践平台；感谢大连铭作天成品牌策划推广机构提供的平面设计工作。由于编者学识有限，书中尚有不完善之处，恳请专家、读者批评指正，谢谢！

编者

教学内容及课时安排

章 / 课时	课程性质 / 课时	节	课程内容
第一章（4 课时）	基础理论 /4 课时		• 视觉营销（VMD）的概念与认知
		一	建立 VMD 体系
		二	VMD 的终端效果与目标
		三	零售业态中的 VMD
		四	VMD 的规划
		五	VMD 的开展要素
第二章（4 课时）	应用理论 /8 课时		• 视觉营销（VMD）的商品演示陈列与基础陈列
		一	商品演示陈列
		二	商品基础陈列
		三	商品陈列的协调
第三章（4 课时）			• 视觉营销（VMD）的卖场构成
		一	卖场环境空间构成
		二	卖场设施构成
		三	卖场陈列构成
		四	卖场人形模特模型构成
第四章（8 课时）	课堂实验 /36 课时		• 服装服饰卖场的视觉色彩陈列
		一	服装服饰陈列的基本要素
		二	服装服饰陈列的基本条件
		三	服装服饰配色的基本知识
		四	服装服饰配色的基本特征
		五	服装服饰陈列配色设计技巧
第五章（8 课时）			• 服装服饰卖场人形模特模型与商品配置
		一	人形模特模型的选择
		二	人形模特模型的着装方法及规则
		三	人形模特模型的假发选择与演示规范
		四	人形模特模型配置和摆放的基本方法
		五	服装服饰商品的配置与摆放
		六	服装服饰商品的卖场区域配置
第六章（8 课时）			• 服装服饰卖场的陈列用具与演示道具
		一	服装服饰卖场陈列用具的选择
		二	服装服饰卖场陈列用具的种类

章 / 课时	课程性质 / 课时	节	课程内容
第六章（8课时）	课堂实验/36课时	三	陈列用具的陈列要点和卖场内挂架的基本组合
		四	演示道具的分类与设计原则
		五	演示道具的设计成本和设计表达
		六	演示道具的材料种类和制作方法
第七章（12课时）			• 橱窗的演示主题与展示设计
		一	橱窗陈列的类型
		二	橱窗陈列的作用
		三	橱窗陈列的规划
		四	橱窗结构分类
		五	橱窗设计风格分类
		六	橱窗与展位设计
第八章（8课时）	卖场实践/16课时		• 服装服饰卖场的规划与动线布局
		一	服装服饰卖场的规划
		二	服装服饰商品陈列规划
		三	服装服饰商品陈列分类
		四	卖场内部动线布局
第九章（4课时）			• 服装服饰卖场的灯光照明
		一	灯光照明的作用
		二	灯光照明布局的基本要求
		三	灯光照明的照射布光方式
		四	灯光照明的照度分布
		五	灯光照明的区域设置
		六	灯光照明的形式
		七	卖场内常用的照明灯具
第十章（4课时）			• 视觉营销（VMD）的陈列企划与管理
		一	VMD的陈列企划
		二	陈列管理的基本内容
		三	陈列实施与执行
		四	陈列实务操作详解
		五	视觉营销VMD的三大“运动”精髓
附录			• 大连工业大学服装学院陈列设计方向学生陈列设计作品

注 各院校可根据自身的教学特色和教学计划对课时进行调整。

目 录

第一章 视觉营销（VMD）的概念与认知 … 001
第一节 建立VMD体系 …… 001
一、VMD的概念 …… 001
二、视觉营销（VMD）的产生背景 …… 001
三、视觉营销（VMD）的目的与作用 …… 002
四、视觉营销（VMD）的时代性变化 …… 002
第二节 VMD的终端效果与目标 …… 002
一、VMD的终端效果 …… 002
二、VMD的终端目标 …… 003
三、VMD的业务范围 …… 003
第三节 零售业态中的VMD …… 003
一、百货商场的VMD …… 003
二、购物中心的VMD …… 003
三、直营连锁店的VMD …… 004
四、小型零售店铺的VMD …… 006
第四节 VMD的规划 …… 007
一、视觉空间的规划 …… 007
二、卖场空间的规划 …… 007
第五节 VMD的开展要素 …… 011
一、材料要素 …… 011
二、安全要素 …… 013
小结/思考题/案例研究/问题讨论/练习题 …014

第二章 视觉营销（VMD）的商品演示陈列与基础陈列 …… 017
第一节 商品演示陈列 …… 017
一、商品演示陈列的基本要求 …… 018
二、商品演示陈列的类型 …… 018
三、商品演示陈列与道具的关系 …… 022
第二节 商品基础陈列 …… 022
一、商品基础陈列的基本要求 …… 022
二、商品基础陈列的基本类型 …… 023
三、演示陈列与基础陈列的差别 …… 025
第三节 商品陈列的协调 …… 025
一、商品品类的协调 …… 025
二、商品色彩的协调 …… 027
三、商品与货架道具的协调 …… 029
四、商品与环境空间的协调 …… 029
小结/思考题/案例分析/问题讨论/练习题 …030

第三章 视觉营销（VMD）的卖场构成 …… 033
第一节 卖场环境空间构成 …… 033
一、背景构成的空间 …… 033
二、棚顶构成的空间 …… 034
三、悬垂构成的空间 …… 035
四、堆积构成的空间 …… 037
五、混杂构成的空间 …… 037
第二节 卖场设施构成 …… 038
一、墙柜（壁柜、高柜） …… 038
二、落地柜 …… 039
三、“岛屿式”陈列桌 …… 039
四、玻璃展柜 …… 040
五、多用途组合架 …… 041
六、服务操作台 …… 041
七、展示台 …… 043
八、衣架 …… 043
九、道具摆件 …… 044
十、POP宣传品 …… 045
第三节 卖场陈列构成 …… 046
一、直线构成 …… 046
二、三角构成 …… 047
三、曲线构成 …… 048
四、圆、半圆构成 …… 049
五、反复构成 …… 049

第四节 卖场人形模特模型构成…………… 050
一、传统模特模型……………………………… 050
二、艺术造型模特模型……………………… 050
三、抽象造型模特模型……………………… 052
四、自制人形模特模型……………………… 052
小结/思考题/案例研究/问题讨论/练习题…052

第四章 服装服饰卖场的视觉色彩陈列……… 055
第一节 服装服饰陈列的基本要素…………… 055
一、视觉色彩陈列要充分结合当下流
行色………………………………………… 055
二、视觉色彩陈列要符合品牌目标消费
者定位……………………………………… 056
三、视觉色彩陈列要正确传达主题活动… 058
四、视觉色彩陈列要吸引行人目光并带
来愉悦的享受…………………………… 059
五、视觉色彩陈列要使人产生联想与共鸣 … 059
第二节 服装服饰陈列的基本条件………… 060
一、把握色彩的处理和流行要素的运用… 060
二、服装与配饰的色彩协调………………… 061
三、服装与配饰的风格协调………………… 062
四、服装季节形象陈列与色彩的关系…… 063
第三节 服装服饰配色的基本知识………… 065
一、色彩的原理……………………………… 065
二、色相……………………………………… 066
三、明度和纯度……………………………… 066
第四节 服装服饰配色的基本特征………… 067
一、色彩的心理特征………………………… 067
二、陈列色彩的系统化特征………………… 068
三、色彩三要素的配色原则………………… 069
第五节 服装服饰陈列配色设计技巧……… 069
一、同一或类似色相、类似色调配色…… 069
二、同一或类似色相、相反色调配色…… 069
三、相反色相、类似色调配色…………… 071
四、相反色相、相反色调配色…………… 071
五、彩虹渐变配色…………………………… 071
六、分离配色………………………………… 073
小结/思考题/案例研究/问题讨论/练习题…074

**第五章 服装服饰卖场人形模特模型与
商品配置…………………………………… 077**
第一节 人形模特模型的选择……………… 077
一、人形模特模型的特点………………… 077
二、人形模特模型的肢体结构…………… 080
第二节 人形模特模型的着装方法及规则… 080
一、准备工作………………………………… 080
二、穿下装的要点…………………………… 081
三、穿上装的要点…………………………… 081
四、人形模特模型着装的基本规则……… 081
五、整身和半身人形模特模型演示
陈列规则………………………………… 081
第三节 人形模特模型的假发选择与演示
规范………………………………… 082
一、假发的选择和发式造型……………… 082
二、特殊效果和材质的假发……………… 083
第四节 人形模特模型配置和摆放的
基本方法……………………………… 083
一、一至两个人形模特模型的配置和摆放 … 083
二、三个人形模特模型配置和摆放……… 084
三、四个及四个以上人形模特模型的
配置和摆放……………………………… 086
四、人形模特模型配置注意事项………… 086
第五节 服装服饰商品的配置与摆放……… 087
一、服装服饰商品的摆放………………… 087
二、服装服饰商品群的配置陈列………… 088
第六节 服装服饰商品的卖场区域配置…… 089
一、卖场区域配置条件…………………… 089
二、卖场区域的人文条件………………… 089
小结/思考题/案例研究/问题讨论/练习题…089

**第六章 服装服饰卖场的陈列用具与
演示道具…………………………………… 093**
第一节 服装服饰卖场陈列用具的选择…… 093
一、陈列用具不能比商品抢眼…………… 093
二、陈列用具应体积适中并可灵活移动… 093
三、陈列用具应避免出现尖角外形……… 094
第二节 服装服饰卖场陈列用具的种类…… 094
一、陈列用具的类别……………………… 094

二、陈列用具的规格…………………… 094
第三节 陈列用具的陈列要点和卖场内挂架的基本组合…………………… 094
一、单挂架陈列…………………… 095
二、斜挂架陈列…………………… 096
三、多层展桌陈列…………………… 096
四、挂架组合的陈列…………………… 096
五、卖场内挂架的基本组合…………………… 097
第四节 演示道具的分类与设计原则……… 098
一、可重复使用的演示道具…………………… 099
二、不可重复使用的演示道具…………… 101
三、演示道具的设计原则…………………… 104
第五节 演示道具的设计成本和设计表达… 105
一、道具的二次设计和翻新…………………… 106
二、使用生活日用闲置物品…………………… 106
三、掌握道具量与商品的配比关系……… 106
四、演示道具的设计表达…………………… 106
五、设计方案…………………… 107
第六节 演示道具的材料种类和制作方法… 108
一、演示道具的材料使用…………………… 108
二、演示道具制作方法…………………… 111
小结/思考题/案例研究/问题讨论/练习题…111

第七章 橱窗的演示主题与展示设计…………… 115
第一节 橱窗陈列的类型…………………… 115
一、季节演示陈列…………………… 115
二、节日演示陈列…………………… 117
三、自拟主题演示陈列…………………… 117
四、折扣促销演示陈列…………………… 118
五、无主题演示陈列…………………… 119
第二节 橱窗陈列的作用…………………… 120
一、橱窗陈列中的三个构成要素………… 120
二、平面广告设计在橱窗陈列中的作用… 121
三、情感体验在橱窗陈列中的作用……… 121
第三节 橱窗陈列的规划…………………… 122
一、橱窗陈列规划要具有独创性………… 122
二、橱窗陈列规划要准确表现商品的特点…………………… 123
三、橱窗陈列规划要运用创新的陈列技巧 …………………… 123
四、橱窗陈列规划要选择正确的人形模特模型和演示道具…………………… 124
五、橱窗陈列规划要发挥照明的效果…… 124
第四节 橱窗结构种类…………………… 125
一、封闭型橱窗…………………… 125
二、半封闭型橱窗…………………… 125
三、通透型橱窗…………………… 125
第五节 橱窗设计风格分类…………………… 126
一、文化情景故事型…………………… 126
二、幽默创意前卫型…………………… 126
三、商品体量展示型…………………… 126
第六节 橱窗与展位设计…………………… 128
一、橱窗与展位设计的关联性…………… 128
二、展位是橱窗的延伸与交流…………… 129
三、展位设计布局与商品陈列…………… 130
四、诱导人流动线的展位设计…………… 132
小结/思考题/调研作业/练习题…………… 133

第八章 服装服饰卖场的规划与动线布局…… 135
第一节 服装服饰卖场的规划…………………… 135
一、三大空间的规划…………………… 135
二、固定陈列设施的规划…………………… 136
三、移动陈列设施的规划…………………… 137
四、特卖设施的规划…………………… 137
五、整体规划中的细节…………………… 137
六、陈列用具的规划及功能比较………… 138
第二节 服装服饰商品陈列规划…………… 138
一、掌握商品陈列整体情况…………… 138
二、商品的固定形陈列和暂时形陈列…… 139
第三节 服装服饰商品陈列分类…………… 139
一、中岛商品陈列…………………… 139
二、收银台服务区商品陈列…………… 140
三、隔板商品陈列…………………… 141
四、迷你橱窗商品陈列…………………… 142
五、柱子商品陈列…………………… 143
六、卖场入口商品陈列…………………… 143
七、顶棚商品陈列…………………… 144
第四节 卖场内部动线布局…………………… 145

一、动线的概念…………………………………… 145
二、动线的功能…………………………………… 145
三、动线的形态…………………………………… 146
四、动线的设计…………………………………… 146
五、动线的连接点………………………………… 146
六、动线的陈列…………………………………… 146
小结/思考题/案例分析/问题讨论/练习题…147

第九章　服装服饰卖场的灯光照明…………… 151
第一节　灯光照明的作用………………………… 151
一、针对商品的作用……………………………… 152
二、针对顾客的作用……………………………… 152
第二节　灯光照明布局的基本要求……………… 152
一、明确灯光照明的目的………………………… 152
二、明确灯光照明的种类………………………… 152
三、明确灯光照明的基本要求…………………… 154
第三节　灯光照明的照射布光方式……………… 154
一、直接照明……………………………………… 154
二、半直接照明…………………………………… 154
三、半间接照明…………………………………… 155
四、间接照明……………………………………… 155
五、漫射照明……………………………………… 155
六、聚光照明……………………………………… 155
第四节　灯光照明的照度分布…………………… 155
第五节　灯光照明的区域设置…………………… 155
第六节　灯光照明的形式………………………… 156
一、整体照明……………………………………… 156
二、局部照明……………………………………… 157
第七节　卖场内常用的照明灯具………………… 159
一、按照品种分类………………………………… 159
二、按照灯具的照明方式分类…………………… 159
三、按照安装形式分类…………………………… 160
小结/思考题/案例研究/问题讨论/练习题…162

第十章　视觉营销（VMD）的陈列企划与管理…………………………………… 165
第一节　VMD中的陈列企划 ……………………… 165
一、陈列企划的基本要求………………………… 165
二、陈列情报信息搜集…………………………… 166
三、陈列企划的流程……………………………… 166
四、陈列企划的重点商品实施计划……………… 168
五、陈列企划的费用预算………………………… 168
第二节　陈列管理的基本内容…………………… 169
一、开店卖场的陈列管理………………………… 169
二、陈列管理评估内容…………………………… 170
三、陈列管理手册的制订………………………… 170
第三节　陈列实施与执行………………………… 171
一、陈列实施工作跟进…………………………… 172
二、制订陈列工作日历…………………………… 172
第四节　陈列实务操作详解……………………… 172
第五节　视觉营销VMD的三大“活动”精髓…………………………………… 175
一、主题活动……………………………………… 176
二、销售活动……………………………………… 176
三、文化活动……………………………………… 176
小结/思考题/案例研究：陈列指导手册/问题讨论/练习题 ………………………… 176

附录　大连工业大学服装学院陈列设计方向学生陈列设计作品…………………… 181
一、橱窗陈列毕业设计作品……………………… 181
二、陈列设计课程作业…………………………… 186

第一章　视觉营销（VMD）的概念与认知

【本章学习要点】

通过本章学习，能够了解：

（1）视觉营销概念的产生；

（2）VMD 的终极目标；

（3）VMD 产生的背景和有哪些作用；

（4）VMD 如何在零售业态中体现；

（5）VMD 如何规划、开展的相关要素。

视觉营销是以视觉为中心的商品企划销售战略，英文是 Visual Merchandising，英文缩写是 VMD，就是把销售的政策和战略以视觉效果加以展现。视觉化商品企划战略完成的不仅仅是把做的商品卖掉，更重要的是要做卖得出去的商品。可以说，Visual Merchandising 是在企划商品时，提前计划怎样展现给顾客的视觉系统，即视觉营销简称 VMD。

第一节　建立VMD体系

一、VMD的概念

在 VMD 的英文语义中，V 即 Visual，可以理解为“视觉的”、“眼睛看得到的”、“被眼睛看到的”。在场所中能够被顾客容易看到的商品，会以独特的视觉魅力引起关注。这是以视觉的诉求为中心介绍商场（卖场）的商品构成和商品价值。MD 即 Merchandising，指商品企划战略，是为了有效地实现企业的营销目标，为特定的商品服务，在一定场所、一定时期，以一定的价格、一定的数量提供给市场的相关计划与管理工作。它通过对顾客的分析，进行买入、企划、物流管理、价格设定、促销活动、陈列及销售准备、广告及策划等活动。在这过程里，首先要从商品企划阶段计划，怎么样把企划的产品向顾客展现，可以说，VMD 是在企划商品和进货采购时，提前计划怎样展现给顾客的战略系统。

美国市场营销协会（AMA）对 VMD 的定义如下：以维持顾客及创造顾客需求为目的，在流通场所以商品为中心而计划演出的一切视觉因素并加以管理的活动。

二、视觉营销（VMD）的产生背景

第二次世界大战之后，商品销售方式产生了巨大的变革。西方发达国家相继出现自助服务商店，顾客可随意进入店内的陈列空间选购。至 20 世纪 60 年代，又发展成为大型化、规范化的超级市场，注重卖点广告（POP）与陈列艺术的有机结合。商品的包装与装潢功能从一般的商品保护、信息传递向积极、能动性地展示和促销商品发展。

VMD 的概念最早在美国形成，欧美把这个词缩写成 VM，韩国将 Visual Merchandising 称为“VMD”，引用自日本。日本是从美国学到后改为自

己使用的专有词汇 VMD。1988 年，日本 VMD 协会将 VMD 定义为“商品计划视觉化，即在流通领域里表现并管理以商品为主的所有视觉要素的活动，从而达到表现企业的特性以及与其他企业差别化的目的。这项活动的基础是商品计划，必须要依据企业理念来决定”。

三、视觉营销（VMD）的目的与作用

心理学研究表明，在人们接受的全部信息当中，有 83% 的信息源于视觉，11% 的信息来自听觉，其余 6% 的信息分别来自嗅觉、触觉和味觉。这反映了人在感觉方面的生理特点。即长期的生产劳动和社会实践充分提高了人的视觉感受力；从另一个角度讲，正是由于人们所特有的审美意识，使人眼的功能得到了更多的发展，因为世间万物的颜色和形态是最为丰富多彩的审美对象。

VMD 就是运用这个原理，借助无声的语言，实现与顾客的沟通，以此向顾客传达商品信息、服务理念和品牌文化，达到促进商品销售、树立品牌形象、传递企业经营理念的目的。把 VMD 的目的看做是用创造的商品价值与他人交换来满足其欲望，为顾客带来满足感，是视觉表现的营销战略。通过战略和战术的运用，用各种技法和手段达到展现商品、激发兴趣、启发理解、说服告知、引导体验，最终达到目标销售的作用。

四、视觉营销（VMD）的时代性变化

商品陈列在我国已有悠久的历史。在我国曾出土的东汉砖上就有画像，绘有集市上商人陈列商品的图案。但把商品陈列提到一项专门艺术的高度来对待，则是近代的事。从 1852 年法国诞生第一个百货商店开始到 20 世纪中叶在美国出现的大型现代零售企业群体 MALL（购物中心），都是随着社会经济的发展，人们生活方式发生变化的产物。

20 世纪 70 年代，VMD 概念在美国诞生。70 年代后半期至 80 年代的初期，美国的百货公司陷入低迷状态，就在此时，纽约的 Blooming Dale’s（布鲁明·戴尔）百货公司引进 VMD 概念，作为店铺差异化策略引起很大的反响。其他百货公司也纷纷效仿。从那以后，VMD 逐渐广义化，包含了 CI（Corporate Identity，企业形象）、SI（Store Identity，店面形象）、BI（Brand Identity，品牌形象）、店铺设计、广告和促销等。从 20 世纪 90 年代至今，在商业空间格局中，生活文化空间越发多样化起来。经济的发展也使得消费形态多样化，购买行为多种多样，不同的年代对应的陈列模式也不尽相同，见下表。

VMD的时代性变化与陈列模式

年代	20世纪60年代	20世纪70年代	20世纪80年代	20世纪90年代至今
时代定义	装饰的时代	陈列的时代	演示空间的时代	VMD的时代
空间寓意	功能的空间	象征的空间	舒适的空间	生活文化空间
消费形态	售货员劝导性的购买行为	自己选择商品的购买行为	根据生活方式正确的购买行为	消费形态多样化的购买行为
陈列模式	百货店模式	超市模式	连锁专卖店模式	复合零售业模式

第二节　VMD的终端效果与目标

一、VMD的终端效果

在市场竞争激烈、商品同质化的现代社会，仅靠商品是不能完成更高销售目标的，零售企业纷纷导入 VMD 战略系统。如果说 VMD 是零售综合经营中重要的战略，在确立终端目标前就必须要对终端

效果内容有正确的认知。

VMD 的终端效果首先就是要将商品的诉求力提高，也就是通过演示陈列空间、展示陈列空间、基础陈列三大空间的实施，构成容易看到的卖场，能够改善商品的视觉效果，很好地表达商品创造的价值。不仅如此，还包括卖场内的商品管理，它能够对卖场内部进行适当的维持管理，根据商品合理性分类进行商品配置，改善并提高商品的周转。除此之外还有业务创新，能够协调相关联的业务，使企业理念贯穿在从规划商品到销售现场业务当中。最终 VMD 终端的核心效果就是创造企业文化和提高企业利润。

二、VMD的终端目标

VMD 战略通过视觉进行差异化竞争，从而达到表现企业的独特性以及与其他企业差别化的目的，来完成 VMD 的终端目标。而终端目标的确定并不只是单纯地从销售业绩上考虑，而是通过商品陈列，把商品具有的优点和价值以视觉的形式传达给顾客。明确顾客购买的不仅仅是商品，而是商品所具有的价值感和满足感。VMD 终端目标如下：

（1）卖场和商品具有一定形象高度——顾客购买的首先是形象。

（2）活用差别化战略——在销售竞争中以差别化的战略武器占据优势。

（3）提供愉快的购物氛围——顾客喜欢寻找有魅力的卖场。

（4）构成有效率的卖场——对于顾客来说，能够在容易便利的卖场中方便购物；对于销售来说，有效率的卖场方便管理并方便销售。

（5）销售效率高——精彩的陈列能够起到“无声销售人员”的作用。

三、VMD的业务范围

现代百货、服装等零售业的 VMD 业务范围就是将视觉陈列作为视觉信息，将企业研究及研发的商品非常完整的信息清晰地传达给顾客，它能够作为让商品和顾客对话的媒介，VMD 的业务范围包含有 VMD 的战略范围和 VMD 的实施范围。

1. VMD战略范围

包括市场调研、目标设定、主题设定、商品设定、商品准备、销售现场（装饰装潢和陈列）、顾客满意度、顾客反应调查系统运营。

2. VMD实施范围

包括商品设定、商品准备、销售现场（装饰装潢和陈列）、顾客满意度、广告以及促销。

第三节　零售业态中的VMD

一、百货商场的VMD

随着社会经济的繁荣和市场的细分，百货商场根据自身定位的消费群体，也需要有强烈的视觉形象。因此，视觉营销陈列设计这一工作就显示出了从来没有过的重要性。视觉营销陈列设计的专业人士富有创造性地设计，对企业、商业的成功产生着巨大的影响。用特征化的卖场空间、橱窗演示以及内部的布局陈列等营销手段，以视觉性的新奇来激励消费者的购买行为。

通过创意与创造，视觉营销陈列设计工作者能够把大部分步行环境转化为令人兴奋的销售空间。过去，视觉营销重点强调的是店面门头和橱窗，而今天，这一领域所涉及的范围已经极大地被扩展了，设计者已不再只是仅仅装饰门头和橱窗，而是要全程参与商店卖场的设计布局；商品规划；色彩选用；灯光布局等一切和视觉有关的企划和实务工作，如图 1-1 ~图 1-4 所示。

二、购物中心的VMD

20 世纪 90 年代以来，由于消费水平不断提高，传统的购物观念已经不再与现有的经济水平相适

图 1-1　主题鲜明的橱窗演示陈列，靓丽的主色——绿色，提示着街头的消费者购物活动的到来（英国 Harrods 百货公司）

图 1-2　在百货商场统一的主题下，每个橱窗由于陈列的主打商品不同，设计与创意也各有不同，体现了视觉营销的策略与范围（英国 Harrods 百货公司）

图 1-3　Selfridges 百货公司橱窗

图 1-4　Selfridges 百货公司卖场，作为英国著名的百货公司，Selfridges 的视觉陈列总是能吸引消费者的目光。无论是橱窗还是卖场，新潮前卫的主题风格和商品特征随时能感受到，加深消费者对品牌的认知度（英国 Selfridges 百货公司）

应。在现代社会，消费者购物不仅仅是购买商品的行为，而是集购物、娱乐、休闲、获取信息于一体的活动，也称一站式消费。购物中心内通常要包括百货商场、超市、娱乐场所、餐饮设施、各种类别商品的店铺、大型停车场等设施。购物中心的多种功能满足了人们在购物过程中的需求。购物中心的出现不但适应了现代消费者的购物观念，也是经济发展水平提高的必然产物。购物中心根据坐落的商圈、目标消费者群等设立自己鲜明的视觉形象定位，如图 1-5 ~ 图 1-8 所示。

三、直营连锁店的VMD

服装连锁专卖店模式已经成为当今品牌服装销售的一种主流。服装品牌的连锁店主要是两种营业形态：一种是直营店，指企业直接经营的旗舰店、专卖店、商场专柜；另一种是加盟店，指以经销加盟合作的方式开设的专卖店、商场专柜等。目前很多服装品牌都是采用直营连锁和加盟相结合的运作方式。

直营，顾名思义是厂家或公司直接参与经营管理。一些实力资金雄厚的大品牌往往喜欢采用直营的方式，直接投资在大商场经营专柜或黄金地段商圈开设专卖店进行零售。一些国际品牌出于对品牌

图 1–5　香港尖沙咀的海港城体现虎年春节主题的大型陈列展示，以气场宏大的陈列装饰来勾勒购物中心的强势，带来震撼的视觉效果，无声的广告效应让行人或驰骋在路上的车中人侧目凝视，同时也装点了街景

图 1–6　香港尖沙咀海港城侧面展示

图 1–7　利用购物中心内宽阔的空间做视觉主题演示，带给人们欢乐购物的好心情（深圳万象城）

图 1–8　利用购物中心入口宽阔处进行主题演示，刺激着每一位路人的购物欲望，节日礼品包装盒作为展示元素，放大夸张的设计，让这个大手笔的视觉立体空间既突显了购物中心的自身风格形象，也带动了主题所张扬的节日气氛（北京新光天地购物中心）

维护的需要，一般都采取直营方式。另外，很多品牌处于对视觉形象推广的考虑，在重要的城市销售区域开设直营旗舰店，以此树立品牌形象。无论是哪种店面形式，都必须有很强的识别性和统一性，与企业视觉系统协调呼应，从店外门头、店内装饰、主色调都应严格延续同一品牌的视觉系统，这样才能有效地传达企业识别性，增强品牌印象，推动商品销售，如图 1–9、图 1–10 所示。

图 1–9　日本 INDEX 品牌专卖店，由于深受白领女性的追捧，在外观视觉设计上针对目标消费者，装潢以白色为主色调，设置黑色条框的线条，形成鲜明对比，采用大面积玻璃营造宽敞感和时代感

图 1–10　香港 RABEANCO 包袋品牌专卖店，是经营包袋的品牌店面，在橱窗视觉效果营造上，将包袋皮质的柔软性通过巧妙的陈列道具——儿童小天使表现了出来。在视觉营销的策略上融入了主打商品的特质，让人记忆深刻

四、小型零售店铺的VMD

除了大型百货公司、购物中心和旗舰专卖店外，吸引顾客的还有各种各样的小型零售店铺。小型店铺一样也要有视觉营销规划，小店铺常以主题陈列吸引着顾客喜爱。现在大中城市的 Fashion mall（时尚购物中心）中的小型店铺卖场，也在引进视觉营销规划，提升市场品牌形象和自身内涵。用商场的购物环境带动小店的氛围，店面经营者们自身或者店员在日常销售工作中布置着橱窗，整理着店铺的每个角落。很多自由陈列设计人员、视觉营销工作者帮助小型零售店铺进行主题陈列设计，使之在视觉策略实施中向着具有专营店的特色、零售店的规范模式良性发展，如图 1–11、图 1–12 所示 。

图 1–11　意大利街头男装店，虽然经营的男装品类只有领带、衬衫、T 恤三个品种，但是不难看出在其橱窗的视觉陈列上颇具匠心。在小型的橱窗后面，几乎所有品类都被陈列展示了出来，彩虹色彩的运用，冷暖的排列，还有领带的波浪造型陈列，显示店铺的特色与经营规范

图 1-12　一扇玻璃的后面就是视觉营销的天地，要想使人走近狭长的小店，玻璃后面的陈列真要动一番脑筋。精美的衣架从棚顶悬垂而下，极具装饰的味道，同时又有功能性存在，店主在其后调整着陈列的服装

第四节　VMD的规划

一、视觉空间的规划

百货商场、购物中心或各类卖场中陈列着很多相似风格、相似材质的品牌商品。尽管如此，还是会有特别吸引顾客视线的卖场存在。那么吸引顾客视线的空间应该是什么样的呢？也许会有很多因素，但其中最大的特征应该是把卖场拥有的主题，通过 VMD 的规划，以最快、最容易辨别的方法传达给顾客。在零售业态中视觉空间的规划显得尤为重要。视觉空间的规划要从以下四点进行正确了解：

1. 要对企业了解

正确了解企业运营方针和目标。即使有出众的能力，如果不能正确理解公司运营政策的话，也不会有正确的规划方向和活动。

2. 要对商品了解

对于商品要具有正确的商品知识。对于商品的材质、特征、功能、售卖点都要准确了解，才能够进行规划。

3. 要对销售了解

了解商品流通的过程。对于竞争品牌的商品也要从销售环境上有全方位的了解。

4. 要对顾客了解

为了让顾客能认知卖场并找到所需要的商品，就要了解顾客的购买活动、习惯、心理因素等。

二、卖场空间的规划

为了开展 VMD 战略，首先要开展视觉空间规划，它是由构成卖场的三大空间：VP 演示陈列空间、PP 展示陈列空间、IP 基础陈列空间构成，如图 1-13 所示。

1. VP演示陈列空间

在卖场内仔细观察卖场结构的话，顾客视线最先达到的地方是橱窗或静态展台，这样的地方被称为 VP（Visual Presentation）演示陈列空间。VP 演示陈列空间具有诱导和说服顾客的重要功能，所以要在店内重要地点设置 VP 演示陈列空间，一定要选择能表现整体形象的突出空间。选择演示的商品尽可能选一些流行趋势强、利润高、色彩度高、能够强调季节性的商品为好，不要以卖场内职员的喜好为标准来进行陈列演示，而是以目标顾客的性格、爱好以及陈列企划做演示陈列。

VP 是表现商店主题、流行趋势、季节变换的空

图 1-13　卖场由前到后的视觉营销三大空间构成，使卖场看上去有主题、有故事，虽然面积不大，但视觉空间的利用却充满了策略性

间，通过演示陈列可以把商家销售政策和商品价值传达给顾客。所以要明确表达主题，要让顾客认同，其主题表现比演示技巧更为重要，主题应该涵盖品牌特征、企业文化理念、流行趋势等（图 1-14 ~ 图 1-16）。

VP 给顾客提议生活方式，传达随着季节变化的卖场信息，具有视觉传达的作用，目的就是把顾客吸引到卖场。顾客来到卖场后，能够让其视线在卖场停留更长的时间从而到达销售的地方，就是 PP 展示陈列空间。

2. PP展示陈列空间

当顾客已经被 VP 演示陈列空间吸引走入卖场后，还有一个空间能够引导顾客走入卖场深处，PP 展示陈列空间能够清晰表现出卖场的主打商品以及展示商品的特征与搭配建议，并且与实际销售商品具有很密切的关联性，这就是 PP（Point of sale Presentation）展示陈列空间。PP 展示陈列空间能够协调促进相关商品的销售，并给顾客建议服饰相关

图 1-14　处于卖场入口处，用故事情节叙述的手法演示了孩子们在书房学习的一幕，表现了商品的消费者定位——小学生，这样的学习氛围无疑是被家长所喜爱的场景，陈列师巧妙地借助品牌特征和卖点实施了视觉营销

图 1-15 韩国乐天百货运动休闲鞋的卖场，消费者的视觉会被这组动感十足的视觉陈列所吸引而进入卖场，陈列工作者在这个空间中，将人形模特模型进行违反常态的演示，按照街头年轻人活泼动感的身姿突显了这个品牌卖场的风格定位。不拘一格、时尚动感的印象映入顾客的脑海中

配搭的重点，起到引导销售的作用。

PP 展示空间的位置要设在逛街顾客的视线自然落到的地方，如墙面上段的中心部分、货架上、隔板上或墙面上，总体来说是人的平行视线以上的地方。

在 PP 展示陈列空间中组合、协调展示商品，要充分利用空间构成原理，如三角构成、反复构成、曲线构成等，一般常用的是能够给心理带来安定感的三角构成方法，这是在卖场最容易实现的陈列方法。PP 展示陈列空间不足或没有 PP 展示陈列空间的卖场与有 PP 展示陈列空间的卖场有很大差异。没有商品的演示只有商品的陈列，那卖场就很单调也很无趣，这样的卖场很难抓住顾客的视线，也很难达成销售目标（图 1-17、图 1-18）。

图 1-16 韩国乐天百货男装某品牌卖场，占用了大面积的空间进行演示，传递给消费者的是品牌内涵的特性。三个人形模特模型身后悬垂的装饰道具，以常见的扑克牌的造型置入，意在何为呢？其实，这是品牌制订的差异化视觉营销战略，通过高雅益智的桥牌文化映射该品牌所具有的品位和格调

图 1-17　在狭长的衣柜式陈列中，精心用半身人形模特模型将衬衫、领带单品组合在一起，形成有故事性的人物造型，视觉点在逛街顾客视线自然落到的地方，起到了使领带和衬衫的联销作用

图 1-18　PP 空间一般设置在消费者能看到但不宜触摸到的地方，目的结合相关商品，促进相关商品的销售。在男正装的 IP 陈列上方，两层隔板上有序地展示着衬衫、领带、毛衣、皮带，很显然，这些商品都是可以配搭陈列的正装西服。作为卖场内部"角落的脸"展示陈列，可以调剂主打商品暗沉的色调，也吸引着远处顾客走进卖场内部

3. IP基础陈列空间

IP（Item Presentation）基础陈列空间是达成销售的最终空间。IP 空间占据了卖场的大部分，因此根据这一部分的陈列作用，对组成卖场氛围具有非常大的影响，IP 基础陈列空间并不亚于 VP 空间和 PP 空间，它是非常重要的部分。为了有效地规划 IP 基础陈列空间，应对商品色彩、品类差异、库存数量、价格策略等充分了解。

IP 基础陈列空间的商品，通常以品类陈列和颜色陈列为最多。品类陈列就是按照商品的品种类别陈列，如格呢上衣放在一起陈列，混纺下装放在一起陈列，皮质夹克和皮质外套放在一起陈列等。色彩陈列指的是不管上衣、夹克、裙子，

图 1-19　商家总是希望在卖场内陈列丰富的商品。IP 陈列空间是陈列各种色彩、号型规格、款式系列服装的空间。这个卖场的 IP 陈列空间，由于使用了色彩冷暖渐变的陈列方法，使得男装卖场看上去充满活力

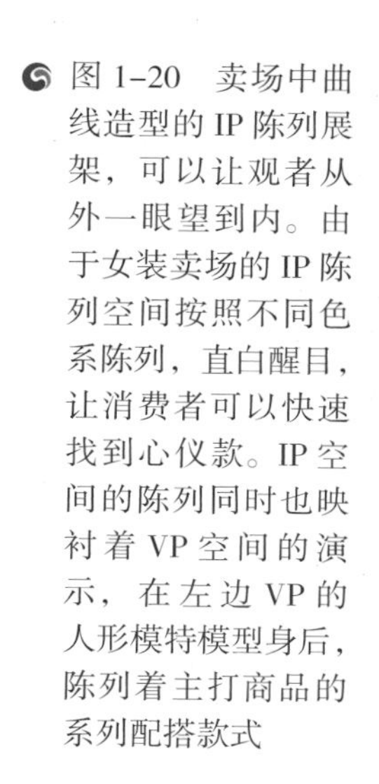

图 1-20　卖场中曲线造型的 IP 陈列展架，可以让观者从外一眼望到内。由于女装卖场的 IP 陈列空间按照不同色系陈列，直白醒目，让消费者可以快速找到心仪款。IP 空间的陈列同时也映衬着 VP 空间的演示，在左边 VP 的人形模特模型身后，陈列着主打商品的系列配搭款式

把同色系或提前规划好的色彩系列都陈列在一起。各种品类之间可以互相配搭，为顾客提供丰富的穿衣搭配方案。当顾客在 IP 陈列空间停留时候，就预示着销售即将开始了。因为已经有了目标，正在寻找适合自己的号型或是色彩（图 1-19、图 1-20）。

第五节　VMD的开展要素

企业在进行营销战略部署时，必须要确定一定的预算用在视觉营销上。预算的设立有多种途径，专业的视觉营销陈列设计包括道具研发预算，道具样品、印刷品制作预算，施工管理预算，物流配置预算，人员管理以及安全设施预算等。无论企业对视觉营销预算费用投入的是大是小，开展 VMD 之初应结合预算，考虑材料要素、安全要素以及人工要素。

一、材料要素

开展 VMD 一定会涉及材料要素，它包含“卖场装修施工材料”和“商品陈列道具材料”两大类。“卖场装修施工材料”通常都是原素材，使用在卖场所有需要装潢装饰的工程上。卖场常用的装修施工材料，大致分为木材、隔板、地板砖、玻璃塑材、涂装、壁纸布、金属材料七类。而“商品陈列道具材料”，则包含了以上材质的陈列道具以及创意道具材料。

作为视觉营销陈列设计者，创意道具的材料使用最具挑战性，其所利用的材料似乎是无止境的。尽管道具在众多的材料市场可以买到，但是越来越多的视觉营销陈列工作者利用在大自然中发现的物品，像树枝、岩石、沙子，有的甚至是堆放在旧物堆中的物品，像旧椅子、旧画框、生锈的旧农具等，这些物品稍加翻新和涂色，就可生动地用在陈列设计中。当然这也要结合展示商品的风格来定。通过向其他公司或内部的营销部门借用道具，像椅子、梯子、自行车、乐器等，零售商可以减少预算，这也正是有创意的视觉营销陈列设计在预算不足的情况下，创造出有效的视觉表达的好办法（图 1-21~ 图 1-24）。

图 1–21　物流用的木箱被陈列设计师派上用场，在大大的橱窗中，几个随意的箱子在诉说着品牌传递的风格和定位——休闲、随意、舒适，这些“关键词”同样打动着喜爱该种生活方式的年轻消费者。显然，这个橱窗 VP 空间演示的成本是不高的

图 1–22　小品牌在成本上压缩开支，大品牌也是一样，只要能创造出有效的视觉表达方法，花费又不多，无论哪个企业都是乐于接受的。涂了漂亮色彩的椅子，在充满着艺术创意的构图下，衬托着商品的精美和艺术气质（YSL 品牌，意大利）

图 1–23　圣诞节期间看到这样的一棵圣诞树无疑是令人心情愉快的，也不得不佩服视觉陈列设计师独特而非凡的创意

图 1-24　同样是圣诞节的视觉演示陈列，没有任何树的形态，但是还是可以从大小不一的金色、银色的球上找到节日的影子，同红色商品一起，渲染着这个特殊的购物节日

在设计商品陈列道具的过程中，陈列设计师要控制道具的资源浪费程度，尽可能考虑资金预算的投入与效益问题，道具的造型设计材料使用也必须要服务于商品风格定位与主题特征。

二、安全要素

开展 VMD 涉及的安全要素包含人身安全和场地商品安全。在进行卖场装修施工时，要考虑施工过程中操作人员的安全；在商品陈列道具展示时要考虑顾客在卖场空间内的安全。常见的安全要素大致可归类为动线安全（行走路线的安全）、商品陈列安全、卖场设施的安装与使用安全，以及装潢布置安全等。

视觉营销陈列设计者在 VMD 执行实施的过程中，要仔细检查动线安全，动线不顺畅容易混淆顾客的走向，形成拥挤或对撞的情况。商品陈列不整齐或者摆放位置不安全，容易因外力碰撞掉落或因为重心不稳而倒塌，误伤顾客以及销售人员。卖场内设施安装位置要正确，安装稳固，如收银台的电脑设备、点钞机等，若安装不正确，容易发生意外。安装有冷热饮水机的卖场则需要设计简单易懂的使用图文明示顾客，给予正确使用方法，避免烫伤等意外情况发生。装潢布置安全是卖场销售气氛的主要诉求，视觉营销陈列设计者应检查天棚上的标牌标志或者 POP 海报是否会松动脱落；轻触人形模特模型等道具时是否有倾倒或掉落的危险。这些都是开展 VMD 会面临的安全隐患问题图（图 1-25）。

图 1-25　为什么这个人形模特模型站在高高的展台上呢？很多人把视点关注在人形模特模型手指的方向。其实，在卖场的这个空间里，人形模特模型如果不站在高台上，手指很容易碰到顾客的身体，这当然是不安全的因素，同时当顾客碰掉人形模特模型的手指，对于商家来说也是损失。所以，安全问题也是陈列设计应该考虑的问题

小结

本章系统学习了视觉营销（VMD）的概念和零售业商家如何应用VMD进行商品销售。学习的重点是视觉营销（VMD）的规划与实施，三大视觉空间的规划VP演示陈列空间；PP展示陈列空间；IP基础陈列空间及实施的成本、材料和安全问题。作为专业的视觉营销陈列设计者——服装陈列设计师，无论为大的百货商场、购物中心，还是为品牌企业的连锁店，都需进行陈列设计，既要有创意设计头脑，又要拥有实际操作能力。后面9个章节的内容将会循序渐进地介绍如何成为一名优秀的职业陈列设计工作者。

思考题

视觉营销（VMD）涉及的内容有哪些？

1．VMD如何进行规划？

2．视觉营销陈列设计在材料和道具的使用上，怎样才能节省成本？

3．视觉营销在进行陈列设计时，怎样考虑安全因素？

案例研究

小王是一所艺术院校绘画专业的毕业生。因为每一个画廊都拒绝她的绘画作品，她逐渐打消了成为一名画家的梦想。或许有一天，她能够通过她的努力闯入绘画艺术的殿堂，但是由于一直缺少机会，她考虑改变职业方向。

在朋友们的参谋下，小王考虑和艺术相关的职业——视觉营销服装陈列设计。因为她在设计理念和色彩搭配上有良好基础，大家都认为她可以轻易地完成从绘画向创造富有吸引力的视觉表达的转变。尽管她拥有绘画基础，但她从没有学过服装商品企划或视觉营销专业的陈列课程，因而不知从哪里或怎样入手。

她的老师建议她去百货商场，作一个基层职工，然后把学会的理论知识应用到具体实际的工作中。她的熟人认为，连锁直营店是她明智的选择，工作在一个拥有几十家卖场的大型服装连锁店将给她提供广阔的实际操作机会。而她的亲戚却说服她成为一个自由设计者，“成为自己的老板，将得到其他方式所得不到的自由”。

小王搜集了一些自己的作品，以帮助自己进入视觉营销设计的领域。但是她仍然没有最后做决定，她应该选择哪一条途径来实现自己的职业目标呢？

问题讨论

1．小王具备从事视觉营销职业的素质吗？为什么？

2．哪一种工作途径最适合她从事这一职业？为什么？

练习题

访问百货商场或服装品牌直营店，评估它的VMD橱窗（卖场）设计和内部的安全因素。填写VMD评估调查表，写出评估报告。

VMD评估调查表

商店名称（品牌）：		调查时间：	
商店类别（业态）：		调查地点：	
分数值共100分	7~10分	5~7分	0~5 分
1. 人形模特模型配置	配置好	配置一般	配置差
2. 人形模特模型安全	安全	一般	不安全
3. 标志等悬挂物	安全	一般	不安全
4. 灯光设施	配置好	配置一般	配置差
5. 灯光设施	安全	一般	不安全
6. 内部道具放置	放置好	放置一般	放置差
7. 内部道具放置	安全	一般	不安全
8. VP演示空间	设计好	设计一般	设计差
9. PP展示空间	设计好	设计一般	设计差
10. IP陈列空间	设计好	设计一般	设计差
（总分）			

第二章　视觉营销（VMD）的商品演示陈列与基础陈列

本章学习要点

通过学习本章，能够了解：

（1）视觉营销中演示陈列的基本要求和类型；

（2）演示陈列和基础陈列分别与销售、道具之间的关系是什么；

（3）视觉营销中基础陈列的基本要求和类型；

（4）演示陈列与基础陈列之间的差别；

（5）如何实施商品视觉上的协调。

当消费者对着精美的橱窗羡慕惊叹时，在百货店看到热销商品内心向往时，在卖场突然发现心仪商品时，这些情景其实就是被视觉营销的商品演示陈列所吸引了，但是却很少有人能驻足思量这些视觉表现是促使消费者购买的原因。如果商品宣传推介没有贯穿演示的理念和陈列技巧，则很难激起消费者购买的欲望。VMD 中的商品演示陈列和商品基础陈列有着截然不同的视觉效果。演示陈列和基础陈列虽然都是以陈列为手段，但却是两种本质不同的视觉表现方法。

第一节　商品演示陈列

商品演示陈列，从本质上来说，是解决如何向消费者传达商品价值的问题。通过演示表现，明确地告诉顾客，购买商品后，会享受怎样的富有美感和情趣的生活，有什么令人激动的好处等。演示出商品的使用价值，是卖场中最具“表现功底”的一件事。演示陈列和仅仅说明商品自身形态的基础陈列比起来，演示更需要把握商品所涉及的环境、生活方式与外形观感，充分用视觉化来表现。商品在使用中，只有显示出上述特征，才能提供自身使用的价值。

法国有句很出名的经商谚语：“即使是水果蔬菜，也要像一幅静物写生画那样艺术的排列，因为商品的美感能撩起顾客的购买欲望。”卖场中富有魅力的商品通过演示陈列，其作用不会低于一名优秀的销售人员。即使是没有学习过任何艺术美学的老农，在售卖桃子的时候，也会故意放上几片新鲜的桃叶和缀着果实的桃枝，喷上些水珠来证明水果的新鲜与美味，而绿色树叶衬托下的桃红色在视觉对比下，则显得更加娇艳欲滴吸引顾客。服装和水果都是消费品，追求相同的商业销售目标，这就是通过各种视觉陈列的手段，演示出视觉营销的真谛。

再举一个例子，在一张展桌上有冷暖两种颜色的洗手用、洗脸用、洗澡用不同类型的三种毛巾商品，若做基础陈列，仅仅说明它们的存在即可，如同在超市货架上，或是按款式类别整齐排列，或是按颜色变化以及按价位一一罗列出即可，只要便于顾客选择与拿取。如果把握着冷暖颜色的感受、功能用途等特点以及潮流趋势来进行演示陈列，并提出它们在实际生活中的使用方式，推荐或主张运用它们更新的价值性建议，这样实施的陈列，就不是基础陈列而是演示陈列了。

还是做基础陈列的那个展桌，根据当前季节（假设是冬季），只挑选暖色的毛巾作为主打商品，后面放置一个精美的烛台道具，将折叠好的洗脸毛巾的两边放上了同是暖色系的香薰蜡烛；洗手巾旁是一盏精油灯和艺术造型的洗手液瓶；洗澡用的毛巾铺展开来，上面撒上片片玫瑰花瓣……视觉上营造出的氛围温馨浪漫，给顾客不仅传达出商品功能使用特点，也传达出生活之中如何安排、如何美化、如何丰富这些商品的运用信息，从而形成改善并提高人们生活质量的提案。

一、商品演示陈列的基本要求

为了使演示能达到期望目标，作为视觉营销陈列设计师，要明白演示陈列的设计必须满足以下基本要求：

1. When——何时（季节性主题）

演示说明的商品，目前处于流行周期的什么时间？

2. Where——何处（卖场空间规划）

演示说明的商品，在卖场内哪里被看到？

3. Who——何人（目标消费者）

演示说明的商品，将销售给什么类型的顾客？

4. What——何事（事件主题）

演示说明的商品，包含什么销售内容？什么事件？

5. Why——何因（商品企划和销售企划）

演示说明的商品，在商品企划和销售企划方案中的销售诉求是什么？

6. How——何如（演示陈列的方法手段）

演示说明的商品，怎样才能获得顾客的认同？

7. How Many——多少（销售的措施与适量）

演示说明的商品，是否适量？是否以商品库存量和生产量为依据？

由此可知，演示陈列绝不只是罗列，更重要的是根据以上“5个W”和“2个H”，传达生活之中如何安排、如何美化、如何丰富这些商品的运用信息，逐而形成改善并提高人们生活的高水平的演示陈列方案。如何将商品实际地亮相或表演呢？胡乱地把商品拿出来，东放一件西放一堆，只能让人感到一片混乱。这样的情形如同大街上面对一群人，能够注意到谁呢？演示陈列不仅让商品显示出来，被人看见，还要把它们有机地组织起来和销售过程相结合，构成各种各样的演示陈列类型。

二、商品演示陈列的类型

由于品牌和营销观念的发展以及消费心理的变化，顾客对于购物过程中审美体验的要求也在日益提高。演示陈列的艺术性是产生美感的重要条件，因此，在进行演示陈列空间规划商品演示陈列时，要充分运用造型、线条、色彩、材质、装饰和空间组合等形态语言，突出设计的艺术表现力和感染力，达到实用与审美的高度结合，注重创造美，突出商品视觉形象。演示陈列的类型可归纳为以下几点。

1. 形态主导型

这是指在整体设计上形成形态美的因素被充分加以运用，以统一、均衡、对称、对比、韵律、比例、尺度、序列、色彩等和谐统一的形态进行的演示陈列的类型称作形态主导型。如图2-1所示，这是百货商场内的一组新季VP演示空间，从整体设计上看，无论是形态构成还是色彩搭配，都达到了形态美的统一。三个人形模特模型各具表情与动态，演绎着成熟女性的优雅与端庄，背景后面是红色的几何型

图2-1

立体装置图片，左边人形模特模型肩膀上停留着一只孔雀（模型）。与图 2-2 中侧面几何型装置中的另外一只孔雀遥遥相映，充满着艺术形态的趣味性，其实，孔雀身上的毛色正是演示模特身上着装的主打图案色，用视觉艺术的联想性使观者对这组 VP 演示陈列空间的服装有着美好的印象（图 2-2）。

2. **色彩主导型**

色彩是视觉形象中最重要的因素，它既有很强的象征性，又能表达丰富的情感。充分运用色彩进行演示陈列的类型称作色彩主导型，这一类型注重的是色彩的流行性和协调性的相互体现。如图 2-3 所示，这个橱窗中所演示的内容，无疑和色彩有着直接的关系，观者可能不会被左右两个人形模特模型所吸引，但五颜六色的 LED 显示屏的背景映衬着花花绿绿般的礼物、礼盒状演示商品，出现了梦幻的粉紫、粉蓝色调，实在是吸引人们的眼球。整个演示的色彩繁而不乱，演示陈列商品的可看性极强。

3. **风格主导型**

风格就是特点，艺术风格也不例外。强调某一种风格特点进行演示陈列的类型称作风格主导型。在视觉营销演示陈列设计中，可通过艺术化处理强调出商品特点，使商品具有独立风格。如图 2-4 所示，橱窗中五彩斑斓的霓虹灯管在镜子的反射下，仿佛如夜幕降临在喧闹的城市，传递着时髦快乐。人形模特模型随着脚底旋转的圆形地台转动，反射在镜子中出现了光怪陆离的视觉动感，充分演示说明了商品的都市时尚风格。图 2-5 是与图 2-4 为一个品牌的不同街边的橱窗，面积虽小但是霓虹灯的演示道具仍贯穿在橱窗中，同样演示出商品特立独行的

图 2-2

图 2-3

图 2-4

图 2-5

风格，延续着都市时尚的品牌特征。

4. 氛围主导型

为了达到引人入胜，并引发停留观赏，强调氛围营造的演示陈列的类型被称为氛围主导型。在大商场或卖场中创造局部氛围，使顾客如同欣赏艺术表演一样，在赏心悦目的同时也被这种气氛所感染，从而激发出愉悦的购物欲望。如图 2-6 所示，在韩国的某百货商场，经常会有一些主题性演示，演示内容结合了主题，通过氛围的营造，暗示观者赶快投入到这个主题的消费活动中去，使顾客如同欣赏艺术表演一样，全身心投入这种气氛当中。当卖场内的演示陈列将春节的节日氛围以小场景情调营造出来时，图 2-6 的男装卖场楼层中，就借用该卖场主打商品衬衫和领带而做了相应的情景演示。图 2-7 同样也是这个百货公司，在服饰品卖场以礼物形式出现的商品演示陈列，很好地渲染了民族节日的来临，带动引导了顾客的购物情绪。

图 2-6

图 2-7

5. 体验主导型

借助氛围的营造、道具的使用和装饰技巧，使顾客产生一种情绪——想获得对相关商品的感性体验，而进入到演示陈列中，这种类型称作体验主导型。这种认识是由感性体验而获得的，并非理性思考的结果。演示陈列内容的设计构思是依据视觉思维的特点，通过暗示、象征等符号功能作用于人的思维活动，使人在心灵中产生某种意象的体验感。如图2-8、图2-9所示，两个橱窗中绿和红的剪影造型和叠加在人形模特模型上的带有符号装饰性的彩带，与女模特脸上的怪异表情一起，形成一种神秘的感性情绪萦绕在观者的脑海，产生出一探究竟的暗示信息。

图 2-8

图 2-9

6. 寓意主导型

借助品牌内涵进行演示陈列的设计创意，用寓意的手法表达出商品或品牌特立独行的风格，这种演示陈列的类型被称作寓意主导型。用设计的形式，将抽象的外表或形态上的印象用寓意表达出来，激发人们的想象能力，并带来强烈的视觉冲击力，效果往往会达到“四两拨千斤”的演示效果。如图2-10所示，这个品牌卖场运用寓意表达的手法，以灯饰功能演示陈列出被夸张放大的商品，契合了品牌自身的幽默感，让喜爱购物的消费者感受到店铺非凡的视觉创意。

图 2-10

三、商品演示陈列与道具的关系

服装服饰是不发声的商品，要让商品起到“无声销售人员”的作用，就得为它提供场所、舞台，就得去指导它“演出”，为它们选定主角、配角，给它们打扮，配上灯光、道具和布景等视觉手段来达成。卖场中不可能把店内所有商品都演示出来，为了能让顾客有效地看到店内的商品，又能节省空间，在演示陈列中，各种具有主题辅助性的道具使用就显得尤为重要了。在演示陈列的各种类型中通过图例可以看到，演示陈列和道具的关系是相辅相成、不可分割的。

演示陈列中的各种类型都来自生活的凝练，这是现代演示陈列设计中的共同趋势。消费者为了追求更高品质的生活，对于商品的选购，除要求商品本身质量的提高外，还应借助商品演示的视觉效果来实现对商品的认同。透过商品演示的积极作用，丰富人们对商品的认识、了解以及为人们生活所带来的情趣与享受。如沙滩装、泳衣的演示陈列，可以制作海滩画面的背景板，添加椰子树、太阳伞、救生圈等情景道具，不仅突出沙滩装、泳衣的功能和效果，也能引发人们对夏日休闲生活的美好向往。

商品演示所用的道具如同化妆品，正确选择使用化妆品，会给人们的外表增色不少，当然，人们的脸部结构并不会因使用不同的化妆品而改变。演示和道具的关系如同服装上的配饰品，不但可以衬托服装的风格和主题，还可以帮助顾客穿出自己独特的风格，展现自身独特的气质。演示和道具的关系也好比是戏剧与舞台舞美的关系，是相辅相成、相得益彰的。

第二节　商品基础陈列

卖场中的商品种类十分丰富，尤其是服装服饰商品，由于每季的不同系列，各系列中的不同款式，不同色彩，构成了琳琅满目的卖场。通常一个品牌一季的新品达百余款，加之每款两三种色彩，分布在卖场的三个空间中，即 VP 演示陈列空间、PP 展示陈列空间和 IP 基础陈列空间。而商品的演示陈列无疑是出现在 VP 和 PP 的卖场空间中。而占据卖场绝大部分的 IP 基础陈列空间则需要的是大量商品的基础陈列。

商品基础陈列可以直观地告诉顾客商品的样子以及材质，也就是它本身的价值。它不需要配以什么装饰、道具，只是直接地传达顾客需要的东西存在或不存在，在什么地方，价格是多少，颜色有几种等商品信息。但是基础陈列，也不是随便地排列或罗列，这样不仅会影响卖场的整体视觉效果，更会直接影响消费者的购买意愿。整齐有序的商品基础陈列同样可以吸引顾客注意，诱导其购买，达到销售的目的。以百货商场为例，由于商品种类和数量多，流量大，因此要求员工在销售场地就可以完成一些基础陈列。这就需要员工具有基础陈列的知识。所以一些商场内部会制作一些基础陈列手册，说明基础陈列的基本要求，普及相关陈列的知识。

一、商品基础陈列的基本要求

基础陈列的基本要求，是恰如其分地解释、说明商品的款式、材质、价格，还有其本身的价值。从满足顾客的方面来说，还要让顾客容易选择，容易看到，容易触摸。

1. 容易选择

是指根据商品分类和卖场布局的要求来决定商品的陈列位置，要确定品种内的品相组合以及品种之间的关系，方便顾客做比较和挑选。

2. 容易看到

是指要充分利用商品的大小、色彩、形状和商品陈列的位置高度以及卖场灯光的照明度，商品陈列器具形态等因素，方便顾客第一视线内看到商品。

3. 容易触摸

是指陈列的商品要便于顾客拿到，并且商品的放置是稳定和安全的，不稳定的商品陈列不仅不安全，而且会给顾客的挑选和行走带来很大的心理障碍。尤其是服装服饰类商品，顾客的触摸体验决定着对商品的认可和购买。

二、商品基础陈列的基本类型

在视觉营销的范畴中，商品基础陈列起着举足轻重的作用。商品基础陈列的方法得当不仅能吸引顾客，还能促进商品的销售。商品基础陈列依照商品特性和诉求对象有很多种类型，一个合理的卖场商品基础陈列应该根据空间与格局有序安排商品，有计划、有目的地将商品展现给顾客。针对服装服饰商品而言，商品基础陈列具有以下八种类型。

1. 垂直陈列型

在同一个展示空间，顾客不需要左右移动，眼睛只要上下看就可以挑选和比较商品，垂直陈列能展现出商品更多的品类和更多的款式，有限的距离内能展现出商品的丰富性（图 2–11）。

图 2–11　垂直陈列

2. 水平陈列型

商品水平陈列，能吸引顾客沿陈列区域移动脚步，可深入到卖场内部。同品类商品在款式或功能稍有不同时，水平陈列更加直观也更有浏览观看的效果（图 2–12）。

图 2–12　水平陈列

3. 混杂陈列型

将不同时间生产的各种服装服饰商品，生活用品等混放在特定的销售空间中，是进行促销售卖的一种陈列类型，它是靠价格吸引顾客的注意力，缺点是降低了商品的价值感（图 2–13）。

4. 分组陈列型

将同一商品、类似商品、关联性商品分别组成一组或集团的手段进行陈列，整体直观性强，通常在卖场固定的壁柜空间内进行，也称作壁柜陈列型（图 2–14）。

图 2-13 混杂陈列

图 2-15 尺寸配置陈列

图 2-14 分组陈列

图 2-16 正挂陈列

5. 尺寸配置陈列型

同样色彩或款式的商品或包装后的商品，外观尺寸是陈列的基本依据，按照号型大小等进行陈列，方便顾客对于尺寸的正确选择（图 2-15）。

6. 正挂陈列型

能够在正面看到商品的陈列，可一眼看到款式的全貌和特点。商品配搭组合后单独悬挂陈列，此陈列类型比较占据卖场空间（图 2-16）。

7. 侧挂陈列型

由于每件服装相距较近，不能看见服装商品的全部面貌，只能看到衣袖或裤缝侧面的陈列类型。占据空间面积较小，所以能够陈列的数量很多，是服装服饰卖场最常用的一种陈列类型（图 2-17）。

8. 折叠陈列型

折叠摆放也是最常用的陈列基本类型。主要采用在商品架或展桌上做折叠型陈列，能够节省空间陈列大量的商品。缺点是顾客不能完全看到商品全貌，稍不整齐，有库房堆积之嫌（图 2-18）。

商品基础陈列一定要重视商品的数量，库存的数量，陈列设施的使用，基础陈列类型是否正确，选定基础陈列类型前首先要检查核实，清楚自己的卖场、商品、陈列设施等情况，这也是进行基础陈列的第一步。与商品演示陈列不同，基础陈列不要求运用装饰这一层面来表现卖场的内涵。

图 2-17　侧挂陈列

图 2-18　折叠陈列

三、演示陈列与基础陈列的差别

演示陈列与基础陈列虽然都是“陈列”，但在本质上是截然不同的两种传递商品信息的方法，两者有很大的差异。演示陈列是表现商品使用价值的视觉方法，基础陈列是表现商品自身价值的视觉方法。通俗地讲，演示陈列相当于让商品“表演、煽情”，而基础陈列只是让它亮个相。

商品通过演示陈列后，可间接暗示地告诉顾客，商品被消费使用之后，将享受富有美感和情趣的生活。基础陈列则只是直率地告诉顾客商品的品类与外观，也就是它本身的价值。基础陈列不需要装饰，只是直接传递给顾客需要的东西存在或不存在、价格多少等信息，在这种情况下，基础陈列要考虑以什么直观有效的陈列方法来使商品更快捷地显现于顾客眼前，它要求少花时间。

作为专业的视觉营销陈列设计师，必须按照商品策略以及营销活动，依据商品的不同特性有针对性地使用相应的演示陈列和基础陈列，打造出生动有趣且具有吸引力的卖场。

第三节　商品陈列的协调

商品进行演示陈列或是进行基础陈列之前，视觉营销陈列设计师首先要掌握且熟知的是：商品自身或是商品之间的各种协调问题，如商品品类（品种类别）的协调、商品色彩的协调、商品与货架道具的协调、商品与环境空间的协调。

一、商品品类的协调

商品的品类指的是商品的品种和类别，在卖场将商品进行演示陈列或者基础陈列时，首先要将品种类别进行梳理，注重商品之间的相互协调。服装服饰商品品类繁多，如男装卖场，通常都是将西服正装、商务休闲装（夹克、风衣等）和T恤、针织毛衫类、衬衫配饰类商品分类进行销售，陈列人员应按照男性着装搭配的特点进行区域陈列，这就要注重品类之间的配搭协调。正装和衬衫类可以陈列在一起；商务休闲装（夹克、风衣等）可以和T恤、毛衫针织类陈列在一起；配饰类可拆分成正装配饰和休闲装配饰分别陈列，如袖扣与领带、皮件与皮鞋、围巾与帽子等放在一起陈列会使整个卖场看起来品类丰富协调，同时也方便顾客的选择。提供正确的生活着装方式，既引导消费，又方便卖场的货品管理，使盘点统计等工作也相应便捷。如图 2-19 所示，是按照男性着装搭配的特点进行区域陈列，商品品类配搭协调，为顾客提供了休闲套装的多样着装组合。图 2-20 中的陈列展桌上，同属休闲类的服装商品被精心地陈列在一起，由于品类之间配搭协调，尽管颜色相近，却能方便顾客的选择。

商品品类的协调还可以按照服装设计师设计的系列进行分类陈列。系列陈列可以加大商品之间的关联性，增加商品的连带销售。如女装品牌系列中丝质衬衫与裙装、针织开衫、丝巾放在一起，本身就是一种合理的配搭。这样的陈列对于新品系列而言，上市之初货品花色齐全，有助于陈列与销售。

但是当商品的系列服装销售大半、系列中的某些款式销售一空或断码时，商品之间会因品类不协调而影响销售，这时就需要专业的陈列设计师在所有系列商品中进行重组，进行整合品类和协调系列的工作。如图 2-21 所示，按照服装设计师设计好的商品系列进行的基础陈列，可以引导消费者在整个系列中寻找互相配搭协调的商品。如外套里面配搭针织衫，休闲毛衣里面配搭视觉色彩舒适的衬衫等，方便顾客进行整体形象的选择。但是在商品系列销售大半时，需要及时补充可配搭的协调商品。

图 2-19

图 2-20

图 2-21

二、商品色彩的协调

将商品按照品类进行协调陈列后，就需要进行商品间色彩的协调了。协调的色彩也最能打动顾客，引起顾客的购买欲望，这是因为人们对色彩的辨别度最高。当顾客远远地观望一个服装卖场时，从货架上、人形模特模型上也许根本看不到任何款式细节，但映入眼帘的却是色彩。色彩的协调比较适合品类款式多、色系多样的服装商品。

商品色彩的协调，不仅能组成愉快的消费环境，而且也为购买人提供美好的视觉享受。色彩协调是整体卖场视觉效果好坏的关键。因此，在商品陈列的协调中，色彩的协调是不容忽视的。

商品色彩的协调方法分为明度分类、色相分类法和色调分类。

1. **明度分类**

按照色彩的明度排列，把色彩明亮的商品排在前方，面对顾客。让整个货架产生明暗的层次变化和有序感。如图2–22所示，由于顾客能从卖场的左右同时进到内部，在货架的IP基础陈列上利用高明度的过渡使整个货架产生了色彩明暗的层次变化和秩序感。

2. **色相分类**

按照色相由低彩度排列到高彩度，或从暖色调排列到冷色调。色相分类的重点是要让消费者方便选购，并且要形成最适合该商品的配色方式，如图2–23所示，从卖场的VP演示陈列到卖场最后面的IP基础陈列展柜，利用了色相分类，由低彩度向高彩度过渡，利用色彩的变化使得狭窄的卖场看上去有一定的进深度。

3. **色调分类**

色调分类是按照色调的不同种类进行区分陈列的方法，比较常用的是将某一种色调的不同品类或者不同色相放在一起，由于色调相近，也看上去非常协调有序。如图2–24所示，整个陈列区域的IP基础陈列货架和货杆上的商品尽管色相不同，冷暖不同，但是由于选择了相同的色调，使得整体看上去视觉效果舒适、温馨。服装服饰商品之间的搭配，

图2–22

图 2-23

图 2-24

其基本要求是色彩协调。商品演示陈列的配色，突出的是占主导地位的色彩。商品基础陈列的配色，就是要整理好明度、色相、色调之间的关系，给消费者舒适、恰当的视觉感受。

三、商品与货架道具的协调

在卖场中，货架、道具是配合商品出售的重要设施，商品与货架道具的协调尤为重要。尤其是基础陈列中的商品必须满足顾客易看、易触、易选要求，所以不同方式的商品陈列对应着不同的货架设施。适宜的货架、道具等设施可以反映出商品的"面貌"和"容量"，货架、道具的高度、宽度、尺寸大小等也影响着商品价值的表现，并决定着商店卖场的气氛和格局，不可忽视。

货架可以构成通道，并对顾客具有引导性。卖场中各种货架及道具设施在形态和功能上可穿插使用，整体看上去协调、美观，使卖场具有变化、新鲜的感觉。货架、道具等设施是整个陈列工作的桥梁，没有它们，陈列工作根本无法进行。有了协调的货架和道具，才能使商品陈列产生立体感，出现"戏剧性"的画面，从而对顾客产生吸引力（图2–25、图2–26）。

图2–25　各种各样的货架道具设施

四、商品与环境空间的协调

商品与环境空间之间的协调，最重要的是理解商品与环境空间以及和顾客之间的相互作用和关系。环境空间上的需求对应关系，如图2–26所示，是由顾客、商品、环境空间三者构成的，只有清楚它们的相互要求关系，才可以使商品在卖场环境空间中达到协调。以下详述其互相的作用。

1. 商品对顾客的作用

商品对顾客的作用概括来说，就是商品要视觉化地表达其优良的品性。而商品的优良品性，除了讲究的设计、色彩、质地、缝制、尺码、价格等直接因素外，商品内涵及品位也是很重要的间接因素。

2. 顾客对商品的期望

顾客对商品的期望可以从日常观察中把握。如果经常汇集顾客所需要的东西，就能提高顾客光顾

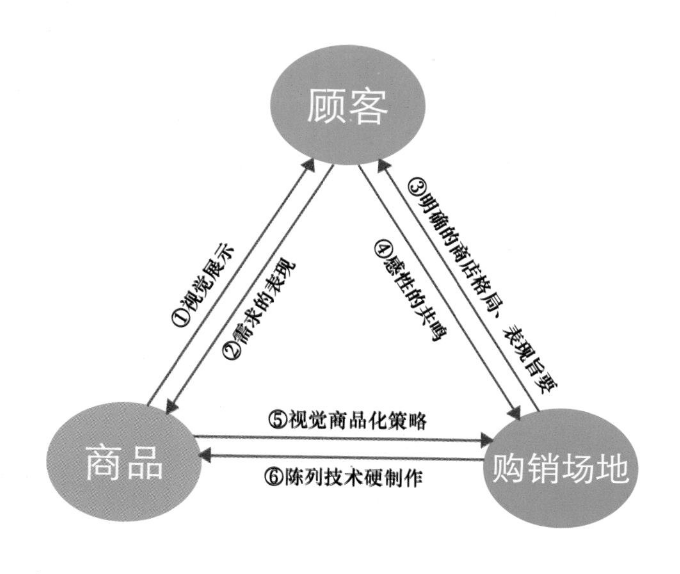

图2–26

的密度和销售的机会。顾客期望的东西固然有很多因素，但往往是表现在感性方面，所以带有感性的商品演示陈列在销售环境空间中是不可缺失的。

3. 销售场地环境空间对顾客的作用

销售场地的环境、空间必须具有强烈的视觉感染力，能表现出确切的商品内容信息。服装服饰本来就是创造性很强的商品，其创造性的陈列演示是否能引起顾客的共鸣？只有明确品牌内涵以及销售场地、环境空间的格局，就能在环境空间上对顾客起到吸引和感染的作用。

4. 顾客对销售场地环境、空间的期望

顾客对销售场地环境、空间的期望就是感性上的与之相通的共鸣。这里的感性，集中来说就是美感和愉悦感。无论是商品内涵，还是环境、空间的视觉观感营造，都要以美的价值为依据，愉悦舒适为标准，满足顾客对于销售场地环境、空间的期望值。

5. 商品对销售场地环境、空间的要求

商品对销售场地环境、空间的要求是，它能经常保持着最佳状态进行各种陈列与演示。最佳状态包括商店卖场的装修、照明、陈列设施用具、道具、商品展示技术等方面积极正确的配合。商品对销售的要求除了这些销售环境和空间的“硬件”以外，还要注意“软件”的构成。这里指的“软件”是服务以及演示陈列技术的维护和管理。

小结

本章系统地介绍视觉营销（VMD）中商品演示陈列与基础陈列之间的视觉差异，详述了演示陈列与基础陈列的基本要求；重点介绍为了实现吸引消费者的视觉营销，百货商店、专卖店等零售商所采取的不同的陈列方式。本章的重点是了解演示陈列和基础陈列这两种不同的展示方法，在此基础上要达到演示陈列与基础陈列的协调，还要进行商品间的品类、色彩、货架道具以及销售环境空间的协调规划，缺一不可。

思考题

1. 作为服装陈列设计人员，在进行演示陈列设计的时候，首先思考的问题是什么？
2. 演示陈列的类型有哪些？
3. 演示陈列与基础陈列的差别是什么？
4. 商品陈列的协调包含哪几个方面？

案例分析

某品牌自从开设了第一家临街专卖店以来，十年间，已经发展为该地区辐射最广也最知名的品牌之一。现公司发展的重点已经从市中心和主要街道的店铺，转为在大型的购物中心和商场开设专卖店。与该店面向人行道开设橱窗的传统的格局不同，新开的店面采用了没有橱窗的建店理念，这样，整个商店就成为一个视觉形象表达对象。店面的环境空间、现代化配套设施也有了大手笔的更新。由于在百货商场和购物中心委托经营，传统的橱窗已经不存在了，店内所有空间被更好地用于销售区域。

为了使公司所属的旧店现代化，该品牌决定，除了临街旗舰店以外，其所有的商店都采用没有橱窗的经营理念。店面商品陈列也将原来的各种形态的演示陈列换以整齐的商品基础陈列，认为靠新的店面形象空间，整齐协调的商品也能吸引消费者的到来。

该品牌管理层认为，鉴于除了旗舰店以外，商店的窗口已经不能长久地作为橱窗使用了，原来拥有的视觉营销等陈列设计人员和施工队伍可以削弱，况且新的经营理念的优点就是削减费用。

但从事视觉营销的人员坚定地认为，尽管店的硬件发生了变化，但他们仍然会在视觉营销过程中起到重要的作用。视觉营销主管坚持各个店面卖场，必须要有专业的陈列人员进行商品陈列工作，但商品部主管却认为，视觉表达的重点应由以往的陈列方式转向新的陈列形式，才能更好地满足公司的需要，并且认为这些工作其部门的员工或店员就可以完成这一任务。

▶ 问题讨论

1．你同意该品牌摆脱传统的视觉营销方式的方案吗？为什么？

2．公司应该在所有的商店舍弃橱窗以获得更多的销售空间吗？

3．视觉营销主管和商品部主管的观点你赞同哪个？为什么？

▶ 练习题

参观大型品牌旗舰店或百货公司，向管理人员了解他们是怎样完成视觉营销工作的。准备书面或口头的报告来回答下面的问题。

1．店面视觉表达演示陈列和基础陈列进行得如何？

2．总公司提供正规的陈列方案吗？

3．陈列商品的选择是在商店经理的指导下进行的还是由总公司的管理层决定的？

4．视觉演示陈列多长时间更换一次？

5．陈列商品是否协调？请按照品类、色彩、货架、道具设施和环境、空间做点评分析。

Paperchase on 4
The Shoe Salon 1
Perfumery on G
LIL' ANGEL
BABY
音楽 MUSIC
音楽 MUSIC

第三章 视觉营销（VMD）的卖场构成

【本章学习要点】

通过学习本章，能够了解：

（1）店铺卖场的视觉形态；

（2）多元化卖场空间的构成；

（3）商品的几何形陈列构成；

（4）卖场内的置物与配置；

（5）各类展具、展架的应用；

（6）人形模特模型的配置构成。

视觉营销（VMD）的卖场构成包含了卖场环境空间构成；卖场设施构成；卖场商品陈列构成；人形模特模型构成。这些都是依赖于视觉形象而存在的，从外在的空间结构造型到演示陈列的载体、材料、设备，再到商品以及各种宣传文字、图形内容等，都能让观者在一定的空间中接受最有效的信息，感受到某种氛围，从而获得一种全新的体验。这种感受和体验都是依赖于人的视觉产生的，视觉为生理的机能，感受和体验为心理的机能，因此研究人的视觉生理和心理过程也是视觉营销工作的基本前提。

第一节 卖场环境空间构成

视觉营销陈列设计工作者需要了解卖场环境空间构成，因为在卖场环境空间中，由于功能性划分，不同的空间构成就会形成不同的视觉形态，所构成的空间，也会产生不同的设计风格和艺术效果，给人的直观视觉感受也是完全不同的。

一、背景构成的空间

在百货商场中，由于空间面积的分割，卖场大小不一。商场都会对那些品牌认知度高、销售业绩好的品牌提供更大的卖场面积。鳞次栉比的一家家品牌卖场互相排列，就出现了很多共用的墙面空间。一个卖场最多会有三面背景墙，而位于通道交口的卖场可能会有两面或一面背景墙出现，鉴于品牌的整体视觉形象的塑造，针对背景构成的空间设计时，既要考虑功能性，也要将品牌视觉形象建立起来。为了和其他品牌形成视觉竞争力，必须要了解通道的人流来往方向，根据人流最多的方向来设定卖场形象墙空间的规划设计。在设计上可采用品牌形象识别构成以及形象和功能陈列构成。由于百货商场寸土寸金的空间格局，除了形象墙面空间外，大多数品牌商家采取将卖场的背景空间作为功能性货架和货柜来使用。

图 3–1 中，该品牌卖场将背景墙空间多方面利用，不仅设计成带灯饰 LOGO 标志的形象墙，让消费者侧面走来的时候很容易记住，而且墙面规划设计为 PP 展示陈列空间，三套配搭的服装醒目陈列，收银服务台也与形象墙使用统一了色彩与材质，形成与背景墙空间和谐一体的品牌视觉设计。图 3–2 中的卖场利用背景墙空间进行了艺术化墙面处理，带有肌理感的墙面大气流畅，突显了该女装品牌作

图 3-1

图 3-2

为成熟时装的风韵，与墙面前一排简约整齐的 IP 基础陈列空间形成了引人注目的视觉焦点。

二、棚顶构成的空间

卖场利用棚顶空间进行演示陈列或品牌形象的特定装饰，能够起到烘托氛围的作用。尤其是大型购物中心和百货商场，在重要节假日，都会在天棚顶上做视觉陈列，就连传统店铺也都重视棚顶所构成的空间设计，使顾客感受到整体空间的氛围，有身在其中的美好体验感。但是棚顶的设计会受到空间固定设施的限制。在进行设计规划前必须要仔细了解棚顶设施构造等因素。棚顶构成的空间不仅包括灯光线路设计，也包括在原有棚顶结构的基础上加吊顶等装饰空间的设计。图 3-3 是通往童装卖场的电梯上方的棚顶空间，结合了儿童的性格特点，将此处用幕帘状的带有半透明的塑板，进行缤纷可爱的灯光与装饰设计，随着电梯的上行，这处空间将带给孩子们快乐的心情。图 3-4 是韩国乐天百货公司精美食品和超市的卖场，原本白色的棚顶被巧妙地进行了吊顶设计，并进行了棚顶空间的艺术装饰，

图 3-3

图 3-4

不仅与下方卖场色彩呼应，也能牢牢地抓住顾客的视线，品尝美食休闲娱乐的同时带来美的视觉享受。

三、悬垂构成的空间

无论是在大型的百货商场、购物中心还是各种专卖店，悬垂构成的空间无处不在。悬垂POP促销海报、装饰用的各种道具饰物或者是功能性空间间隔，都会成为一种空间形态而存在。通过悬垂物打造的空间，一般都具有一定的视觉聚焦性，它在向顾客阐述一个特立独行的信息，可能是主题信息，也可能是促销宣告，也可能是一个暗藏试衣间或储藏间。当要进行一个悬垂构成的空间设计时，要结合实际效果开展商品的视觉陈列设计工作。悬垂构成的材料要符合品牌服装的定位风格，悬垂材料的长短尺寸要符合卖场的层高要求，这些不仅要考虑，还要考虑顾客行走的视线，这个空间是否能充分地让顾客看到它们的存在，当然，还有个重要的因素也要考虑进来，那就是悬垂材料的重量与安全性因素。

图3-5所示，在卖场入口处的VP演示空间中，运用通透的玻璃材质设计了类似屏风造型的悬垂空间，玻璃采用的是安全的钢化玻璃，连接玻璃的材质是不锈钢管，该设计空间既是作为隔断分出VP演示陈列和IP基础陈列空间，又作为设计感十足的VP演示背景空间出现，可谓兼顾了功能与艺术的结合，水晶灯的光源投射在玻璃上反射出点点光影，使得该处VP演示空间充满变换流线般的动感。由于此处悬置隔断是不能更换的（在店面装修时已经固定装置完成），因此在其色彩的设计上采用透明色，以此来衬托一年四季各种色彩的服装。图3-6是韩国某商场利用装饰品悬垂构成的公共空间设计。在上行电梯上环顾四周时会发现原先女性风格的装饰不见了，出现的是礼帽、沙发、烟斗等男性化风格的悬垂装饰物，暗示着男装卖场即将到达。该空间的设计充满着趣味性和标志性，这也是该百

图3-5

图3-6

货商场整体视觉营销 VMD 的策略之一。

图 3–7 中女装卖场入口的 VP 演示空间里，白色的花朵悬垂在两个人形模特模型的身后，衬映着模特身上花色款式的服装。这类通过悬垂道具形成的悬垂空间，不仅成为 VP 演示陈列空间的背景装饰，也可随着不同的服装进行装点和衬托，图中的花朵悬垂造型强调出主打服装的花型和颜色。如果下一季服装是几何图案或条纹海魂衫款式的话，就要更换现在的花朵悬垂道具了，因为完美的视觉效果里包含着和谐统一的色彩基调。

图 3–8 中，原生态树枝状陈列道具从棚顶上装置下来，形成视觉焦点吸引顾客，既有艺术美感，又能够形成一道“屏障”而将背后的卖场隔断开来，同时，也成为 VP 演示空间中人形模特模型的悬垂背景。悬垂所构成的空间中，可以用各种材料进行创意设计，面积可大可小，图 3–9 中空旷的卖场中，

图 3–7

图 3–8

图 3–9

正是有了悬垂构成的装饰道具，才显得环境色彩生动、情景有趣。VP演示陈列空间中的人形模特模型身上，有着悬垂构成的装饰布条的某些色彩，长长短短地形成了有动感的画面，具有一定的视觉冲击力。

四、堆积构成的空间

堆积构成的空间不是将商品毫无秩序地堆积起来，而是通常采用阶梯式的空间构成，使商品看上去出现异常丰富的视觉效果，将商品容积感烘托出来构成和谐美观的空间。用阶梯陈列构成的方法可以使后面的商品让顾客一目了然地看到，但空间设计时一定要注意，最前面陈列的商品往往是卖得最好的，千万不要出现空位的现象，在整体构成空间上应该由上到下逐渐变宽，也是让顾客的视线从上到下看到商品，起引导视觉作用。图3-10中商品在堆积构成的空间中有序地陈列，虽然只是大小不一的箱包商品，但是橱窗内出现的却是琳琅满目的视觉效果，这一切都得益于空间的阶梯陈列构成，充满了丰富的视觉效果。图3-11橱窗中用可爱的公仔女孩和包装盒构成了空间的堆积感，在这样的阶梯形态上，商品的摆放从上到下逐渐变宽，也让顾客的视线从上往下看到商品，起到了引导视觉的作用。

图3-10

图3-11

五、混杂构成的空间

不同于整整齐齐的百货商场或专卖店，传统的旧货市场吸引很多人前来的魅力之一是混杂的“亲切感”——杂乱无章的样子才使人感到选物环境平和而悠闲。很多卖场也是利用了这个原理，在卖场空间的规划中，设置有混杂构成的空间存在。在混杂构成的空间设置上必须要考虑顾客由远到近的视角和视点。不能由于有混杂空间的存在而降低了整个卖场的品牌视觉形象。如图3-12中混杂构成的橱窗VP空间演示：商品没有整齐地折叠而展示美感，似乎是混杂在一起。其实，当顾客由远走近时，却发现商品是按照自身休闲的风格，气定神闲地慵懒堆积在一起：上衣、裤子、衬衫、腰带、鞋子和包。这样的混杂陈列，倒是将商品的独特气质和内涵衬托了出来。图3-13中橱窗内的商品在椅子上摆放出混杂的陈列，看似杂乱无章，其实演示着其品牌个性鲜明、潇洒不羁的风格定位，将本季旅行休闲主题的所有服饰商品陈列的一览无余，达到了品牌商品信息有效传播的目的。

图 3-12

图 3-13

第二节　卖场设施构成

在百货商店或品牌专营店可以了解到各种各样的卖场设施类型，从高技术材料产品到传统制品应有尽有。多种多样的卖场设施是由大量的不同材料和设计构成的。卖场设施的选择是由商店（品牌）的形象和其所承载的商品风格决定的。

卖场设施构成中包含墙柜、落地柜等基本设施。尤其是服装商品本身是商品和艺术属性的结合物，在卖场需要合适的陈列设施和恰到好处的陈列方式将服装服饰商品信息传递给消费者。卖场设施除了有展示商品的功能性之外，还具有形态造型的商业艺术性。功能性指可以存储、悬挂、摆放服装服饰商品；商业艺术性是指在卖场空间规划中作为形象或艺术的角度构建卖场视觉效果。无论哪种类型的卖场设施，都是为了突现商品信息、品牌风格，体现企业文化内涵的辅助性配置，在规划和设计上不能喧宾夺主。卖场基础设施如下：

一、墙柜（壁柜、高柜）

墙柜（壁柜、高柜）是商店卖场布局中最常见的基本设施。它是由服装、包袋、鞋子等其他商品组成的货架，也可以由悬挂货品的 IP 空间挂杆组成，这都是属于百货商店卖场基本的固定设施构成之一。将墙柜设计的美观大方是视觉营销陈列设计工作者的基本职责，大多数墙柜内的空间可根据商

图 3-14

品货量任意调整和组合。商品的简单悬挂和随意堆放并不对购物者具有诱惑力，需要的是在墙柜内精心陈列并充满视觉形象艺术性，才会对销售具有极大的推动作用。

图 3-14 中所示的墙柜占据了卖场的四周，集 PP 空间展示、IP 空间货杆陈列、隔板折叠陈列和存货区（抽屉）为一体的墙柜，不仅可以放置大量商品，白色柜体也衬托出儿童服装商品漂亮的色彩。按照不同商品信息陈列在不同的柜体设施内，充满着装饰效果，能够使消费者自主选择，也能够帮助店员销售管理商品。

二、落地柜

落地柜是一种有储存、陈列两种功能的卖场设施。它一般在远离墙边的地方，既可以使购物者就近地观看商品，又给售货员提供了一个柜台来介绍商品。这种形式的设施是销售珠宝、眼镜、贵重的手包以及其他不宜随意触摸的商品的必备设施。落地柜不仅为卖场提供了一个精美陈列的格局，也规范了购物者在商店中的行进路线。图 3-15 中的弧形落地柜虽然便于顾客观赏但不能随意触摸，和后面墙柜里的商品比起来陈列展示的显然是精品和贵重物品。

三、“岛屿式”陈列桌

“岛屿式”陈列桌作为卖场基本设施，不仅让卖场看上去货品丰富，还可以鼓励消费者自我服务。如同超市中的自选区域，它们有多种多样的设计形

图 3-15

图 3-16

图 3-17

式，可自由组合，也可以带有滑轮装置，根据商品货量和一些活动事件，随时调整卖场空间的构成形式。“岛屿式”陈列桌有的在下部带有储存货物的部分，有的仅仅用来陈列商品。它使消费者在视觉上受到鼓舞，在没有售货员的帮助下选择并购买商品。图 3-16 中 VP 演示空间内，带有滑轮的可移动陈列桌能够根据卖场商品和不同的活动随时调整在卖场的形态组合。如果定期有不同的组合和变化的话，也能为消费者带来卖场的新意。图 3-17 中看似普通的圆桌和凳子，在陈列师的手里变成了可移动的岛屿式陈列桌，不仅可以让消费者自行选择自行服务，也使商品和消费者间的亲和力增加。

四、玻璃展柜

玻璃由于具有通透性是很多货柜的材料首选。它是用玻璃封闭一个基座，使购物者可以从各个角度看到所陈列的商品。它的高度应适宜观看，像珠宝、腰带、太阳镜以及手包等配饰，都可以陈列其中，能使消费者一目了然地看到里面摆放的重点商品，并强调商品的价值感，给消费者留下深刻印象。图3-18的卖场中，简洁大方的长方形玻璃展柜里，展示的是男装精品陈列，将品牌稳重大方的观感带给观者。玻璃展柜和落地柜功能相似，重点强调了商品的价值感。图3-19中钻石型的玻璃展柜，彰显出女性商品的独特内涵。和男装商品不同，钻石型展柜的设计要和商品品牌自身风格有着统一的视觉表现。作为陈列设计师针对玻璃展柜的陈列造型设计也需要结合所售商品的定位、内涵与独特风格。

图3-18

图3-19

五、多用途组合架

除了长久地将陈列架安装在墙面外，许多零售商使用灵活多变的多用途销售组合架，通过简单的安装即可以适应零售商们的不同需要。一种带有大量支架的挂板，它既可以组合成货架，也可以组合成挂杆；还有条板墙，一种可以带有凹槽的嵌板，可通过组合而变成货柜或挂杆。很多大型服装卖场会选用带有狭槽的墙板，可以很快地组合成多种货架以适应销售的不同需要。图3-20的卖场墙面上，可以看到长久镶嵌在壁纸墙面上的有银色金属的凹槽，而大量支架、隔板和挂板的设置，都是根据商品系列的组合进行，既可以组合成货架，也可以组合成挂杆，以适合销售需求。图3-21中更能清晰地看到中间正挂的连体女装后面的货架挂杆，就是根据该商品长度的展示需求而灵活地调整组合后的墙面陈列效果。

六、服务操作台

为顾客提供收银、包装等服务的工作台，也可作为品牌形象展示的区域。服务操作台在卖场内的位置一般都不太明显，起服务和辅助销售的作用。它是顾客购买活动的终点，也是通过优质服务培养顾客忠诚度的空间。从图3-22中可以看到，此服务操作台为顾客提供收银、包装等服务，处于卖场深处结合白色背景墙，白色的服务台和卖场视觉统一，桌面上装点了绿色植物增加了亲和力，这里也是和顾客聊天增进情感的最佳场地。

图 3-20

图 3-21

图 3-22

图 3-23

七、展示台

展示台也称流水台，通常出现在卖场入口处或卖场内视线聚焦的区域，是顾客的视线可自然投到的地方。很多品牌利用视点低的 VP 空间展台，将商品以平面形态陈列，使之如同精心描绘的画面一样，充分地将主打商品的风格、色彩、主题等促销活动在平面上传达。图 3-23 中是一组形式材料多样的展示台图片，一般都出现在卖场内最前端的 VP 演示空间区域中，是顾客的视线能自然看到的地方。由于其视点低，在展示商品的同时必须要考虑演示陈列的设计与布局，因为这个地方也是相关主题活动演示的最佳空间，也是 VP 空间中常出现的卖场形态构成之一。

八、衣架

衣架是服装卖场中展示商品最多的器具之一，主要用于商品吊挂展示。根据商品的特点，有固定和移动两种形式，结合场地，可进行组合或单独摆放。衣架可在地面、顶棚、墙面上安装，在装修店面之初就考虑在内了。可移动的衣架使用灵活，但个性特点相对不突出。图 3-24 中是固定的衣架造型，其衣架的安装是根据装修店面时结合店面设计施工完成的。图片中的 IP 空间陈列的数量是固定的，设计形态上突破了常规的衣架造型，具备了服装品牌的风格。图 3-25 中虽然也是衣架将商品吊挂在货杆上，但是，该品牌却使用了长长短短的 S 钩，将衣架上的商品排列得高低错落，看上去有节奏感并充满了趣味性，使呆板的常规型吊挂变得生动有趣起来。

图 3-24

图 3-25

九、道具摆件

道具摆件是卖场中最具艺术表现力的设施，具有装饰的功能，起烘托卖场特色、商品风格、主题活动的作用。各种装饰道具摆件的陈列必须以目标陈列商品的主题、定位、色彩为中心，起到处于次地位的装饰作用，主要是为了烘托商品主题气氛，给顾客以联想和深刻记忆。各类服装道具有其自身不同的定位，传达的文化内涵也不同，从常见的瓷器、花卉到各类艺术造型的摆件，种类可谓五花八门。图 3-26 中是各种服装品类卖场的道具摆件，为了能烘托店内商品主题气氛，给消费者以深刻印象，根据服装自身内涵文化的不同，道具摆件的种类与造型、材料和色彩也与众不同。在吸引消费者眼球的同时，也让消费者对该品牌产生认同感，从而刺激购买欲望，达到销售商品的目的。

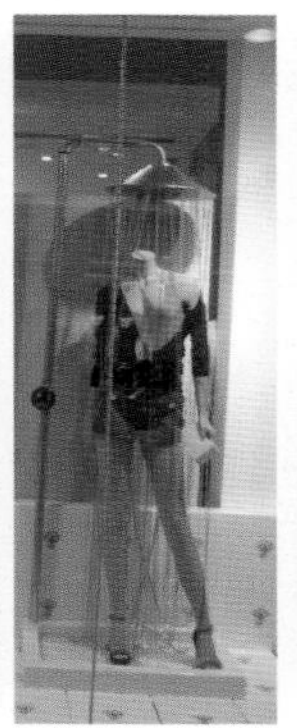

图 3-26

十、POP宣传品

POP 是 Point of Purchase 的缩写，为“店头海报”之意思，是店铺中应用广泛的促销工具，也是最为直接有效的广告手段，向顾客传递着商品的一切重要信息。店头海报包括事件的 POP、节日 POP、主题 POP、季节 POP 等。在图 3-27 ~ 图 3-29 的卖场中，VP 演示空间中的 POP 和商品一起，起着向顾客传递重要信息的作用。这些文字的、图形的 POP，也是直接有效的广告宣传手段。

图 3-27

图 3-28

图 3-29

第三节　卖场陈列构成

卖场中能够吸引顾客并让顾客走进来，让顾客选择触摸达成销售，就是充满魅力的商品陈列。这是因为把商品堆在卖场，将款式、材料、价格等自身价值原封不动地展现给顾客是远远不够的，还需要陈列设计师运用构成知识将商品进行陈列，按照不同商品的品类或者风格，运用不同的构成方法，达到让顾客方便观看，方便选择，方便触摸商品。卖场陈列构成包含有以下几种基本形式：

一、直线构成

直线表示两点一线之间最短的距离，具有强烈的视觉表现力。有序排列的直线具有明显的秩序感，并能够有效地统一整个展示面。水平直线有引导视线的作用，垂直直线则具有分隔空间、限定空间的作用。

因此，在陈列中，用垂直线把顾客的眼光吸引到垂直摆放的商品上时，顾客只要移动双眼，陈列着的商品就会一览无余。垂直陈列商品，可在同样的地方展现更多的品类，对同品类的能展现更多的款式，并且在有些距离的地方也能展现品类多样性的优点，但是对同品类中只是在款式或功能中有一些不同的商品，更多的情况下直线水平构成更有效果。图 3-30 中是直线构成的垂直陈列，这是陈列

图 3-30

带关联性商品的垂直应用的方法。消费者视线会上下移动寻找衬衫不同的细节变化，而不会水平地去观看各商品的不同之处。图 3–31 中直线构成的水平陈列，每一层相同品类中（牛仔裤、毛衫、鞋子）只在款式或功能中有一些细小变化的商品，直线水平构成更方便消费者做比对性的选择和观看。

图 3–31

二、三角构成

三角形能够给人们带来安定感。三角构成给予顾客最稳定的视觉感，从销售来说也是比较方便的构成形态，在造型上能维持完美的均衡，主要使用于销售重点部分，三角形的方向性，也是诱导视线的要素之一。三角形的重复适用于比较大规模的展台或橱窗演示，是使用最广泛的构成方法。

1. 等腰三角形

由于是左右对称，因此具有完全的均衡和稳定感。其中，钝角等腰三角形温顺严肃，给人以沉重的形象，特别适合高档商品。图 3–32 中在卖场入口处的 VP 空间中，用三角构成使卖场形象具有均衡和稳定的视觉感，也显示了品牌温和稳重的内涵特质。

2. 不等边三角形

不等边三角形由于具有斜线的动感和流线感，在陈列形态上比较适宜配饰商品的陈列展示，如围巾、领带、帽子手袋等。图 3–33 中的陈列是度假用的各种包袋、披肩、浴巾等配饰商品，以不等边三角形构成的形式出现，构图精美，具有流线动感。

3. 倒三角形

倒三角形视觉上具有刺激性，容易造成不安全、

图 3–32

图 3-33

图 3-34

图 3-35

不稳定感，比较适合艺术性的展示，但是不适合在商店内陈列。如图 3-34 所示，出现在橱窗内的倒三角形构成，夸张并且具有刺激性，虽然视觉上具有不安全感，但是从情节演示设计上又具备合情合理性，让人别有会心地从容接受。

4. 三角形的排列与反复

此方法在组合陈列的空间宽绰并且商品货量很多的时候使用，利用大大小小的所有种类的三角形排列或反复出现，具有一定的量感。这样的陈列方法由于是反复的模式，有一定的规律性，给人以轻松的形象。在这种情况下，反复的双数比奇数更能给人以轻松愉快的节奏感。如图 3-35 陈列柜中狭窄的隔板内，丰富的商品井然有序，排列整齐，使用了三角形构成的排列和反复。在各组三角形构成中，衬衫与领带的视觉陈列没有一组是相同的，彰显了服装陈列师高超的陈列技巧。

三、曲线构成

从几何学角度而言，曲线可分为封闭曲线和开放曲线。从造型的角度而言，曲线更趋于自由、活跃。曲线可以丰富整体设计效果，打破单纯直线所造成的理性、严谨的氛围。在实际陈列运用中，直线和曲线的使用能够产生丰富的对比效果。曲线构成，表现活动、韵律、节奏、变化，表现优美的流线和柔和的陈列演示气氛，多用于橱窗背景或大型VP演示空间中。如图3-36所示的橱窗，令人遐想的艺术造型离不开曲线构成设计，虽然色彩是单调的黑与白，但是在曲线的适度变换中，人们感受到的是优美柔和的氛围，为观者带来视觉的享受。

四、圆、半圆构成

圆和半圆构成也多用于商品量多、色彩或样式繁多的演示陈列，能形成目标醒目的视觉效果，但是对陈列面积有一定的要求。如图3-37中就是典型的圆形构成。利用了色彩变化将圆形构成体现，形成了商品目标醒目的视觉效果，也便于消费者的选择。

图3-36

图3-37

五、反复构成

反复出现相似的陈列，在于增强记忆，给人留下深刻的印象。人形模特模型的重复摆放或者色彩陈列上的重复，充满节奏和韵律感，并给人以强势的形象，能长时间留在人的记忆深处，一般用于小型橱窗连接的地方或墙面，VP、PP等空间的构成。图3-38中专业服装展会上某品牌的展示陈列，通过人形模特模型反复出现的形态和同一系列、不同款式细节的服装演示，给人以强势的印象，也便于增强消费者的记忆。用反复构成设置出帅气的站队，产生强烈的吸引力。

图3-38

第四节　卖场人形模特模型构成

一提到服装陈列道具，人们总是首先想到服装人形模特模型。人形模特模型最初的制作用传统的方法把湿泥固定在铁丝编织的人形支架上，如同雕塑作品一样，完成泥像人形后，用石膏浇铸成石膏模型后，再采用玻璃纤维或其他材质加工后发送到服装店里使用，这就是人形模特模型的诞生过程。人形模特模型应该妥善照顾，并保持清洁。储藏的时候，用简单的人台布和塑料包装膜等覆盖。人形模特模型使用后，可以重新喷漆和拥有新的妆容。假发也同样是很经济的方法，能改变人形模特模型的外观。

由最初的人台演变到现今各种各样的仿真人形。服装人形模特模型是展示的焦点，它同T型台表演的模特一样具有流行性。过去，人形模特模型只是呆板的复制人形，千篇一律，没有什么特点而言。那些妆容一致、四肢僵硬、发型一样的人形模特模型几乎没有任何粉饰和“精加工”，不能用以传达时尚信息和某种主题，满足不了现代多元风格的消费诉求。人形模特模型在当今的服装服饰行业终端销售环节中占有极其重要的作用，它是消费者们的参照物，也是传播服装形象风格的“使者”，随着服装风格的变化而变化。

人形模特模型有不同的形状和号码：从男女成人到儿童、孕妇，再到有动作和风格的人台，种类繁多。在购买人形模特模型之前，要考虑到人形模特模型被用在什么类型的商业空间中，如果需要一个系列的人形模特模型时，就更要细心选择，要考虑到模型的单独使用或者组合使用，同时还要考虑到这个系列的持久度。

大部分的人形模特模型摆放后很具有美感，通常被精心设置，不好的姿势和组合效果会对创意效果产生负面的影响。现在，人形模特模型随着服装服饰商品风格的多样化造型也随之丰富起来。除了完整的人形模特模型外，还有其他模型，如四分之三人形，半身人形，针织袜陈列的腿模型和帽饰陈列用的头、肩模型，珠宝饰品用的手模型、颈模型等。在种类上也囊括了男性模型、女性模型、儿童模型，并且根据服装风格的不同，在模型动态和整体气质设计上也有时尚、前卫、休闲、可爱、抽象之分。

一、传统模特模型

商场橱窗中的艺术抽象化、造型夸张的服装人形模特模型可让人们眼前一亮，其具有强烈视觉冲击力的效果可让人为之兴奋，但它们也有局限性。使用传统陈列风格的卖场更倾向于选择能够代表广大消费者的传统人形模特模型，并不是说使用传统的模型，所表现的形象就会单一，现在的传统模型也越来越多样化，变得更精致、适用性更强，对各类服装都适合展示。对品牌服装来说，传统的人形模特模型有更大的适应性和功能。传统的人形模特模型可通过配以不同的假发、妆容，改变胳膊和腿的动态，创造出不同的风格。图3–39和图3–40中，都是模仿真人的传统人形模特模型。

二、艺术造型模特模型

有不少品牌卖场希望整体视觉形象与众不同，同时还要持久保持其风格和定位，艺术造型模特模型应运而生。艺术造型的人形模特模型有着传统模特模型的结构与线条，但又“别有风味”。艺术造型模特模型有着不同于正常人的肤色和画家笔触下的肤质，或者头发被塑造成各种形状，五官被塑造成夸张以及可爱笑脸的模样。艺术造型的人形模特模型也一样具有人体尺寸、各种生动的姿态，常常出现在标新立异的品牌卖场和商店，使用艺术造型模特模型时要注意和陈列商品以及空间氛围相协调，同时还要注意模特模型动态的幅度，注重人流的安全性，最重要的是和销售商品的定位要吻合。如图3–41、图3–42中出现的都是艺术造型模特模型。

图 3–39　传统模特模型

图 3–41　艺术造型模特模型

图 3–42　艺术造型模特模型

图 3–40　传统模特模型

三、抽象造型模特模型

有时品牌会寻求一种完全有别于传统造型的模特模型，强调使用独特的颜色，另类的材料，表现一幅未来世界的面貌。如使用非常高大或者不完整的形体或光亮的外表，所有这些设计都有一个共同的目的，那就是吸引顾客注意力，诠释品牌特立独行的精神内涵。人形模特模型的尺寸不是按照正常人形尺寸制作的，多为前卫风格和特定主题的百货商场或购物中心在 VP 演示空间中使用。抽象造型人形模特模型使用的材料很具有创意性，有铜皮、铁管、木板和 PVC 管等，如果品牌商家利用好这种抽象造型模特模型，在陈列创意上会收到很好的视觉效果（图 3–43）。

图 3–43　抽象造型模特模型

四、自制人形模特模型

很多陈列设计工作者都能自己制作模特模型，也叫做 DIY 人形模特模型，和购买现成的人形模特模型相比，有很多好处，如节省成本，并且因地制宜，更加实用。在特定的场景和空间内，展示效果与现成的服装人形模特模型非常相似，甚至能够达到用廉价的材料来达到“昂贵”的目的。自制人形模特模型多在大型商场或品牌特定主题下演示陈列使用，尤其是在一些大型服装博览会上，创意性的用自制人形模特模型进行展示，不仅能够节省物流等成本，还能得到意想不到的视觉效果。图 3–44 是学生自创童装品牌橱窗陈列设计作品，自制的人形模特模型是用白坯布制作出可爱的人形公仔，其橱窗背景、道具以及服装都是学生用低成本材料手工制作。

图 3–44　作品“童装陈列”（作者：高畅 ，大连工业大学服装学院 2006 级毕业生）

小结

本章系统地讲述了 VMD 视觉表达中的卖场构成，并通过各类形态构成的实景使学生深刻了解环绕在商场、卖场周边的空间形态是视觉设计人员所要掌握的首个视觉要素。除此之外，出现在销售空间中最引人入胜的是商品。通过学习本章，学生要了解商品陈列的几何形构成方法，还有如何用各种各样的构成技法达到展示、提升商品视觉价值的目的。卖场内和商品一起展示陈列的还有配置的相关物品、展具、展架在内的各种道具和实用展具台，学生要了解它们在卖场内的各种功能和构成意义。在服装服饰品牌卖场中人形模特模型的使用和成本投入是必不可少的，本章也梳理了人形模特模型种类及相关知识，在以后的章节中也将有更深入的介绍。

▶思考题

1．作为陈列设计人员，在进行卖场空间规划的时候，在背景构成的空间中要重点考虑哪些因素？
2．商品陈列构成中有几种三角形构成？分别如何应用？
3．卖场内的展具、展架的种类有哪些？
4．品牌定位和卖场使用的人形模特模型有必然的联系吗？

案例研究

某服装品牌集团针对公司编制紧缩和财政的消减状况，公司的经理们正在制订下一年度的预算提案。此时，虽然该品牌在零售市场具有较高的认知度，但也正面临一个艰难的时期，董事会的决策者们要求各部门经理削减费用以提高效益。公司的视觉营销部门经理深信，只有通过营销才能提高公司的效益，这当中视觉营销是关键的环节。视觉营销主管刘先生努力使经理层确信此时削减视觉营销的费用是危险的，指出只有增加这方面的费用才能有利于问题的解决。尽管他提出了一个提高视觉营销的费用或至少保持现有水平的预算方案，但最高决策层却仍坚持削减他们的费用。

视觉营销领域的费用主要消耗在三个方面:陈列设施材料和主题道具开发、视觉宣传用品以及人工费用。视觉营销主管助理建议裁减几个装修工人，而由部门经理负责各卖场内部的变化调整。另一个建议是重新使用去年的陈列设施材料和相关道具，同时建议取消指定用于主题情景化展示的抽象造型人形模特模型订单。

时间紧迫，刘先生必须制订出一个预算修改方案，既削减费用，又保持公司品牌在视觉表达上的竞争力。

▶问题讨论

1．你同意公司提出的削减视觉营销费用的方案吗？为什么？
2．哪一个建议具有可行性？
3．针对既削减预算，又使该品牌在视觉上吸引人的这一目标，你的建议是什么？

▶练习题

每两周分别对三个定位相似的时尚女装类品牌卖场做系列调研，针对卖场环境构成，卖场设施构成，商品陈列构成，人形模特模型做出表格进行分析，见下表格形式。

品牌视觉表达构成分析表

品牌店名	1.	2.	3.	视觉效果描述
卖场环境空间构成				
卖场设施构成				
卖场商品陈列构成				
卖场人形模特模型构成				

SCOFIELD
SCOFIELD
BRITISH HERITAGE

第四章 服装服饰卖场的视觉色彩陈列

【本章学习要点】

通过学习本章，能够了解：

（1）服装服饰陈列的基本要素；

（2）服装服饰陈列的基本条件；

（3）服装服饰配色的技巧；

（4）服装与配饰的风格协调；

（5）陈列的色彩系统化；

（6）服装服饰的陈列配色关系。

为了给消费者创造一个满意的店面环境，服装陈列设计师需要协调店面橱窗以及内部空间设计方面的全部因素，包括可以提高商场或品牌形象并与竞争对手相区别的商品陈列。通过学习前面章节中的视觉营销 VMD 的卖场构成知识，接下来进入服装服饰卖场陈列的具体开展与实施阶段，本章将系统讲述有关服装服饰卖场视觉陈列的知识，并针对服装服饰的陈列配色技巧和色彩配置进行深入介绍。

第一节 服装服饰陈列的基本要素

服装服饰卖场中视觉陈列的基本要素就是色彩的应用。色彩不仅能够组成愉快的消费环境，而且也为顾客提供美丽的视觉享受。众所周知，服装服饰店经营的商品是各类服装服饰品，服装具有流行周期短、季节性强等特点。流行周期不仅表现为季节性的更换，也表现为服装流行中的差异，这种差异首先就表现在色彩方面，其次才是面料和款式。战略性的使用色彩是比语言传达得更快的手段，所以要想把传达的内容利用色彩来好好表现，即使不用语言说明也能够有效地传达商品的特征。

一年四季中快速变换的时尚流行色，让消费者应接不暇也给服装陈列设计师带来乐趣与挑战。这种快速的变化给服装服饰业带来无限的机会，但同时也给经营者带来风险和不稳定性。所以，服装服饰陈列在注重服装服饰产品特点的同时，也必须要跟上这种快速的色彩变化。。

一、视觉色彩陈列要充分结合当下流行色

流行色（ Fashion Colour ）即时尚的、当下正流行的色彩，是一定时期与范围内流行的带有倾向性的色彩。作为服装陈列设计师要时刻掌握国际时尚流行信息，这些信息包括流行色、流行元素、流行服饰、流行配搭以及国际品牌动向等。服装服饰是具有时代气息的商品，包含了大量流行信息，在对该类商品展开视觉陈列的时候，必须要充分掌握，因为陈列的方案以及手段也是推动流行为目的的。如今，商品的销售成为企业和商家竞争的焦点所在。现代商业的发展已经具有很高的水平，无论是商品品种、数量还是促销手段都达到了丰富多彩的程度。消费者在购物的同时，也把欣赏琳琅满目的商品当

做视觉的享受，如同到美术馆欣赏艺术品一般，内心深处会对商品形象一一品评，遇到可以使之眼前一亮、激动兴奋的商品，购买欲望就会腾空而出。对视觉陈列后的色彩整体效果要仔细推敲，看是否符合时代的生活气息、流行色信息，总之，要具有引领时代潮流的作用。

二、视觉色彩陈列要符合品牌目标消费者定位

作为服装陈列设计工作者，要清楚服装服饰品牌目标消费者的定位。品牌定位涉及品牌的形象，这不是具体的表面形象，而是通过顾客对商品的消费或是媒介物、亲友的影响认知后而产生的总体认识、评价和态度。越来越多的消费者把品牌服饰作为消费的第一选择，通过品牌文化内涵来折射自己对生活的态度，反映出自己的个性、情感和追求。服装服饰通过品牌文化形象的塑造，将消费者追求的理念人格化、形象化，从而使消费者能寻找和选择到可以寄托理性和情感的对象。

随着服装产业市场化的细分，服装服饰品牌的目标消费者定位也越来越清晰，年龄跨度也越来越小，能同时满足 18 ~ 45 岁消费者需求的服装服饰品牌几乎不存在了。衣恋集团自从 1980 年在韩国创办以来，经过二十多年的快速发展，衣恋公司已经成为韩国最大的时装流通公司。衣恋良好的品牌、别具一格的卖场装潢、优质的服务展示了公司独特的企业文化。中国衣恋总部设在上海，自 1994 年成立以来先后引进了 E.LAND（衣恋）、TEENIE WEENIE（小熊维尼）、SCAT、BODY POPS、SCOFIELD（斯可飞得）等 12 个品牌。

如图 4–1 所示为青春休闲品牌 E.LAND（衣恋），是以美国东部哈佛、耶鲁等大学青年的消费风格为主线的时尚服饰品牌，在进入中国大陆之前，此品牌服饰一直出口美国，主要消费群体是美国的大学生，年龄定位的消费群体为 18 ~ 26 岁，其明快的色彩深受在校学生及上班族的喜爱。图 4–2 所示为 TEENIE WEENIE（小熊维尼），色彩亮丽纯净度高，年龄定位的消费群体为 15 ~ 24 岁的在校学生。款式富含时尚和浪漫气息的男女休闲服饰，适合追求时尚而又有气质的年轻人穿着。

图 4–3 所示为牛仔休闲少女品牌 SCAT，SCAT

图 4–1　E.LAND（衣恋）品牌

图 4-2　TEENIE WEENIE（小熊维尼）品牌

图 4-3　SCAT 品牌

表现的是可爱少女轻松活泼的自吟自唱的心情，是性感（Sexy）可爱（Cute）猫（Cat）的集合；年龄定位的消费群体为 18 ～ 25 岁的少女，商品色彩以及店铺、陈列道具等全部主打粉红色系。

图 4-4 所示为俏皮性感风格的少女内衣品牌 BODY POPS，色彩夸张反差大，款式简约，面料更倾向于舒适柔软，能够精心呵护女孩子的娇嫩肌肤；可爱而俏皮是永远的主题，定位的消费群体为 15 ～ 25 岁的学生及上班族。图 4-5 所示为英伦风格休闲品牌 SCOFIELD（斯可飞得），服装风格设计来自英国贵族

图 4-4　BODY POPS 品牌

图 4-5　SCOFIELD 品牌

阶层的生活方式，体现自然的休闲生活如高尔夫、马球等。年龄定位的消费群体为 28 ~ 40 岁的城市白领，成熟艳丽的色彩风格深受都市精英女性们的喜爱。图 4–6 所示为美式风格品牌 PRICH，诠释了简洁而现代的美国经典风格，色彩大方明快，年龄定位的消费群体为 25 ~ 35 岁的都市白领女性。

以上案例中的品牌都具有自己的目标消费者人群，并且根据设计风格清楚地进行了消费者年龄层次划分，品牌色彩风格定位明晰，视觉色彩陈列符合品牌目标消费者定位。

图 4–6　PRICH 品牌

三、视觉色彩陈列要正确传达主题活动

在店面卖场 VP 演示空间设计中，常常赋予主题进行陈列演示，突出品牌故事或商品特点。主题可以是服装服饰商品的某个系列名称或是色彩主题、流行趋势主题；也可以是一个事件的主题、节日性主题等。视觉色彩陈列要准确地传达故事中的主题内容，色彩设计要符合主题特征，如圣诞节冬日主题自然离不开红色、橘色等饱和度高的颜色，而夏季清凉主题则需使用明度高、冷色系的颜色等。还要通过服装色彩配搭，道具的使用正确表现着装人物的主题情感。

因此，主题陈列选择色彩配搭是非常重要的，要与商品的目标消费者的生活方式、兴趣喜好相同，围绕主题把对应的色调氛围做足，才能让消费者有认同感，大大提升品牌的认知度。进行视觉色彩陈列时，要注意氛围色调和细节，如人形模特模型的肤色，假发色、配饰、包、鞋的配搭色，还有环境色、光源色等，这些色彩的整体使用都是可以让顾客自己置身其中，享受视觉愉快感，从而产生相应的情感体验。图 4–7 所示，为街边的店面橱窗，鲜明的夏日嬉水休闲主题使得顾客没有看商品就陶醉在大海清爽浪漫的氛围里了，和各种鱼儿一起畅游仿佛置身其中，享受着视觉带来的愉悦快感，从而产生快乐的情感体验，并对商品有了浓厚的兴趣。

图 4-7

图 4-8

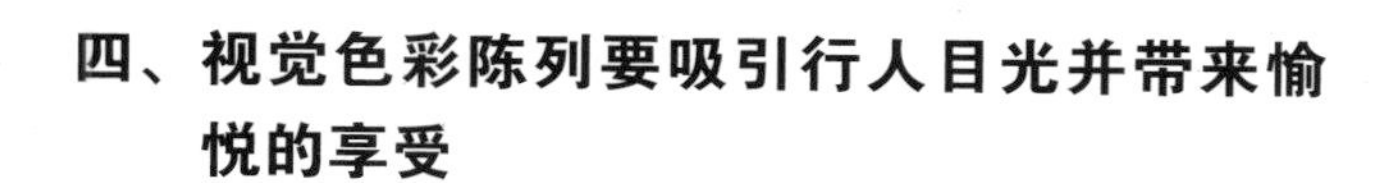

四、视觉色彩陈列要吸引行人目光并带来愉悦的享受

逛街对于现代人而言，已经成了舒缓压力、打发休闲时光的一项重要活动了。专家们调查研究后的一项结果表明，目的性明确的单一购物行为正在逐渐减少，更多是通过“逛”来充分释放消费热情，并通过消费达到期待愿景的满足感。体验性经济时代的到来带给人们的不仅是简单的购物，更是一种休闲的体验，重视精神方面的愉悦和内心的感动，使购物成为一次难忘之旅。

既然是难忘之旅，到百货公司或者购物中心去的人都会用眼睛找寻自己喜爱的色彩，绚丽多彩的陈列最让顾客心动，也是使商品富有冲击力的方法。而为了满足这种期待，商家通过橱窗、展台和卖场内的演示、陈列不仅要展现出最迷人的色彩，还要将季节流行商品、流行趋势、主题概念一并传递，让顾客的眼睛得到视觉享受的同时，也激发着消费的欲望。

无论是运用写实的陈列还是抽象、幽默、剧情般的演示手段，要注意观者看后的感受，使顾客产生抵触、惊吓等破坏愉悦心情的色彩效果是不提倡的，毕竟陈列演示是一种商业手段，目的在于销售。图 4-8 的橱窗中弥漫着浪漫的紫罗兰色调，橱窗背景的色彩图案与女装面料图案色彩呼应。精致的人形模特模型造型优雅，整体的配饰与环境色调、光源色调相得益彰，强烈吸引着顾客们的视线焦点。

五、视觉色彩陈列要使人产生联想与共鸣

如果仔细观察出现在购物场地的人，常常会看到一些站在橱窗或展台前驻足并情不自禁地散发出微笑的顾客。如果只是商品和服务本身，别说吸引新的顾客，就连维持原来的顾客也很难。随着市场的细分化、消费者的细分，在品牌忠诚度日趋下降

的今天，在竞争激烈的市场环境里，陈列的商品能够使顾客产生联想和共鸣的话，必须理解顾客的感性要求和热切希望，商品的销售概率才会大大提高。

要想使消费者产生共鸣，视觉色彩陈列就要与消费群体的需求对应起来。女装、男装和童装都有自成体系的色彩运用，陈列设计师应将眼睛看得到的色彩、形态、材料以及把眼睛看不到的感性、愿景、视觉形象化，用陈列的方法和手段，将目标消费者无意识的消费反应刺激引导出来，并把它与提高销售额的策略相联系。除了在卖场空间精心规划出 VP 演示、PP 展示、IP 陈列空间外，色彩运用是开展服装服饰商品陈列的基本条件。如图 4–9 所示，男性们也被富有魅力的橱窗商品打动，驻足不前，联想着在自己生活中的某个场景，穿着橱窗内优雅低调的米色系西装，自信而有魅力。

图 4–9

第二节　服装服饰陈列的基本条件

服装服饰陈列的基本条件之一就是色彩的运用。色彩充斥在我们的周围，色彩也是引导顾客关注服装服饰的第一要素。在日常生活中，它如同空气一样，不用心观察和感受的话，就会忽略它们的存在。作为服装陈列设计师必须要懂得色彩的处理和流行要素之间的关系，并且还要清楚服装与配饰之间色彩、风格的配搭，才能够将服装服饰的形象信息准确传递。服装服饰陈列的基本条件如下：

一、把握色彩的处理和流行要素的运用

对于服装服饰商品而言，色彩的处理占据着很重要的位置，是不能被忽略的。色彩处理不妥的话，会直接影响商品演示的格调和价值感。在色彩的处理上，主要有两个方向。一个方向是调制出来的新色彩，如同绘画时先调出一种色彩。然后再涂在画面上；第二个方向是把现成的色彩组合起来，产生新的色彩效果，也就是把固有色进行搭配。服装服饰商品的陈列与演示用的是第二种方向。

流行要素是服装产业以及时尚行业屹立不倒的核心需求，色彩是流行趋势的第一要素。优秀的服装服饰卖场吸引注意力最有效的方法之一就是色彩的运用。每一季节都有特定的流行色，陈列服装服饰商品时，要根据色彩的流行周期和变化随时进行更新与调整。服装陈列工作者不仅需要了解应季服装的流行色与主题，还要使演示服装的流行色彩与权威时尚媒体传递出的信息相一致，体现出最新的流行风貌，起到引导消费的作用。如图 4–10 ~ 图 4–12 所示，是某百货公司在制订 VP 空间陈列规划时，根据权威时尚媒体和知名设计师秀场发布的时尚流行信息与色彩信息，制订有效的引导消费趋势的 VP 空间陈列方案。图 4–10 是视觉营销团队首先根据流行预测机构以及权威时尚媒体传递出的时尚信息色彩信息，凝练出起引导作用的流行色彩。图 4–11 是根据总结出的流行色彩针对商场内的品牌店铺，挑选出可陈列的服装服饰商品，根据制订的引导流行的色彩以及配搭方案，进行试装陈列。图 4–12 是最终将根据制订的引导流行的色彩以及最终配搭方案进行实景 VP 空间陈列。

图 4-10

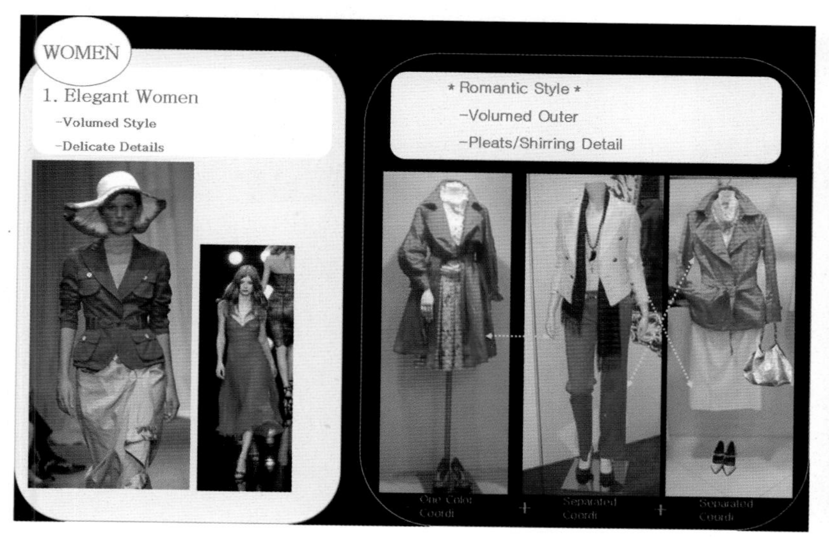

图 4-11

图 4-12

二、服装与配饰的色彩协调

服装商品从设计到成衣入店，在企划之初必须先将色彩系列规划好。当服装商品入店后，陈列人员可按照陈列手册中的色彩系列进行陈列摆放。配饰品要依据服装的主体色彩加以配搭，色彩的选择上不能喧宾夺主，色彩的面积不宜过大。如春秋季时搭配的围巾或披肩，要从面积上有所减少，若大面积地展示围巾的色彩，服装商品自身的色彩魅力就要大打折扣了。使用色彩进行协调的时候，多见的是两色、三色或以上的搭配或组合，以达到主、次关系的用色，称之为配色。

服装和配饰间的配色要起到互补作用——互相补充、互相衬托。而配色的过程在于选择色相的组合以及彩度、亮度的调配过程。只懂得基本色相，仅改变色相来进行，未免有些单调，因此，服装自身和配饰的配色好坏，决定着演示与陈列的成功与否，因此要把握色彩的亮度和彩度融合起来的状态，也就是色调。色调配色，即使是在同色相上，都能形成、营造一定的印象、情调与美感。特别是使用配饰色彩时，色调配色在流行倾向与感官的表现上相当重要。从图 4–13 中可以看到，服装与配饰之间的色彩十分协调，起到了互相补充、互相衬托的作用。PP 展示空间里的包和地台上的鞋等配饰，在色彩的处理上，起到了统一形象、衬托主打商品的作用。而图 4–14 则是利用色调进行配饰间陈列的规划方案，虽然是一个胸花、一条腰带的配搭，也要和服装主体的色彩有效统一起来，并强调美感和美态，体现出色调配色在流行倾向的表现上是相当重要的一个环节。

图 4–13

图 4–14

三、服装与配饰的风格协调

配饰品是服装的附属品，对于服装的整体协调起着重要的作用，尤其是，得体合理的配饰对陈列展示的服装能起到烘托风格、聚焦视点的作用。很多服装品牌在商品的企划上，也将配饰商品作为产品线之一，不仅仅作为道具陈列品出现。如今，随着生活水平的提高，通过配饰来彰显个性的消费者越来越多，从手袋、帽子、头饰到珠宝，从丝巾到手套、鞋袜，各种品类的服装都有相关配饰搭配。优秀的服装陈列设计师必须要了解配饰的形态、风格、材料、色彩等知识，以及整体服装与配饰的风格色彩关系，才能够打造出充满魅力、激动人心的视觉效果。

女装类的视觉色彩陈列，配饰的色彩、风格、材质、形态要与品牌定位风格相一致，若目标顾客是 35 ~ 40 岁的成熟风格女装，在配饰上要选择含蓄内敛、色彩低调风格优雅的饰品，如灰白珍珠项链、米色真丝丝巾、中性色真皮手袋；若目标顾客是 20 ~ 25 岁的青春前卫风格女装，在配饰选择上可以大胆地采用对比色、高亮色、金属色，使用夸张造型的几何形态设计，材质为合金或金属等。配合其前卫张扬的服装风格进行配饰配搭方案的设计。也就是说，成熟女性时装的配饰要符合其服装风格，通过配饰来提升商品的价值感；而青春前卫女装的配饰也要符合该风格所传递的流行风貌和特征，通过整体视觉陈列配搭起到自我造型、烘托形象风格的作用。男装也亦然。

图 4–15 的陈列中，配饰比服装更能吸引女性消费者的眼球。现在用配饰来彰显个性、表达自身

品位和内涵的顾客越来越多，无论是手袋、首饰，还是帽子、鞋、袜，一个小小的细节疏忽就能影响到整体的视觉形象和传递的信息。Dior 橱窗中虽然配饰品没有直接搭配在人形模特模型身上，但紫红色调的交集使得配饰与服装同样充满了视觉诱惑，这得益于服装陈列设计师对品牌内涵风格的有效把握。配饰只有符合服装商品的价值感，通过配饰配搭才可以提升服装的价值感，图 4–16 所示的橱窗中，包袋和男士常用的皮具，无论是色彩配搭还是和人形模特模型的配搭都相得益彰，尤其是亮蓝绿色围巾和整体服装的有效配搭，符合服装商品传递的流行风格。

图 4–15

图 4–16

四、服装季节形象陈列与色彩的关系

在服装的展示陈列中，视觉色彩陈列也同四季一样变换频繁。表现季节形象是服装服饰商品销售不可缺少的题材，对商店卖场来说，季节表现能够更新和传达商品的流行信息，也会让顾客收集丰富的判断潮流趋向的资料。服装卖场应利用色彩陈列，及时对顾客所需的季节商品提出具有崭新感的建议。细心的消费者会发现，近年来，服装市场“换季促销”的脚步是越来越早了。“换季促销”“反季销售”是服装品牌商家一种常规的促销手段。视觉色彩陈列可制造色彩混杂的表象吸引顾客的关注度。

图 4–17 所示是某服装公司的季节时段陈列手册，可以到有鲜明季节性的服装陈列配搭方案。2 月份的商品通过色彩配搭可以看到还带有冬天厚重的视觉效果，而 3 月的陈列方案，则是春季的视觉表象了。给顾客带来新春暖意的色彩和服装新款商品。图 4–18 所示是一组 VP 演示空间的陈列设计，带有季节鲜明引导作用的陈列，将干净简约带有文艺气息的休闲男装风格呈现，通过演示表现出来的季节形象，将一种提炼出来的生活建议和倡导提供给消费者。

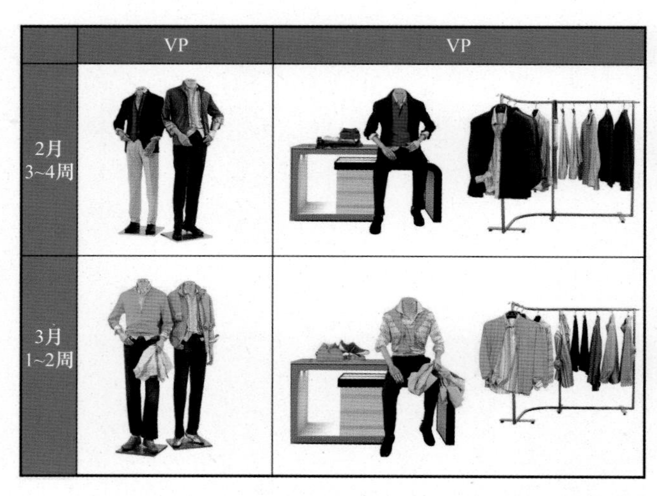

图 4-17

图 4-18

服装服饰商品的色彩、品类以及面料款式，在新品上市前早已企划设计完毕，服装陈列设计师和销售人员可以不费力气地把商品按照要求陈列好。比如在某个女装品牌的春季系列中，服装品类以每款陈列 1 件为准则，在 1.8 米的墙柜中有风衣 2 款、长裤 2 款、裙 2 款、马甲 2 款、针织外套 1 款、针织毛衫 2 款、薄呢外套 1 款、衬衫 2 款、针织内搭背心 2 款，该系列的色彩都是在一种色调中，通过对各种品类的上下着装搭配，可以派生出十几套不同着装方案出来，如风衣 A 款 + 针织毛衫 A 款 + 长裤 A 款；如风衣 B 款 + 衬衫 A 款 + 马甲 A 款 + 裙装 A 款等。由于设计师在设计之初对色彩和色调有了整合般的把握，所以在陈列时就可以做到游刃有余，保证商品品类之间着装配搭得和谐。

在这里强调说明的是，当新系列中的服装商品卖掉大半，也就是原先和谐的色彩品类之间配搭出现困难时，就需要服装陈列人员根据卖场每个衣架的商品品类和色彩进行重新整合，甚至可能要和一些过季款配搭组合。图 4-19 是按照服装商品企划后制订的季节时段陈列方案，终端卖场的陈列人

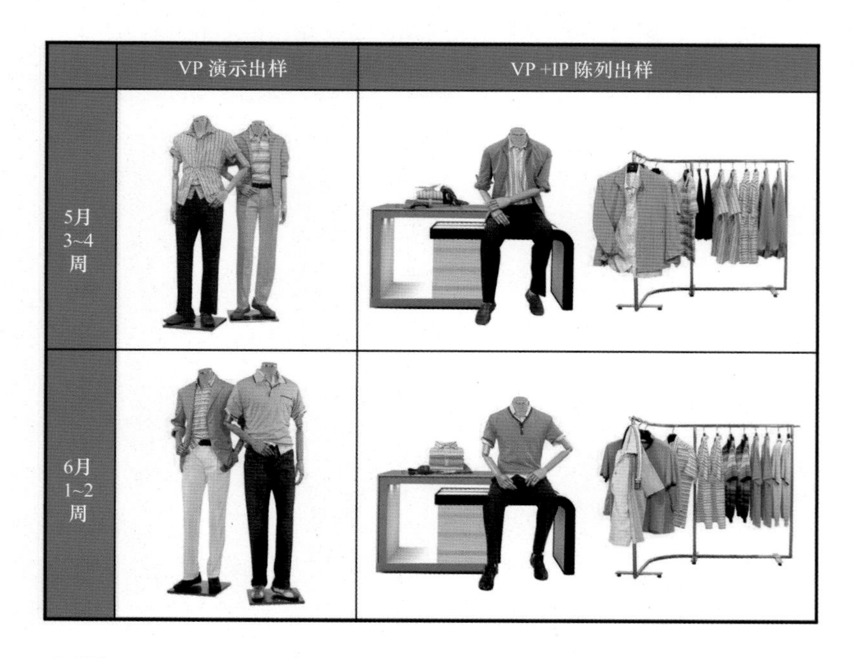

图 4-19

员或者店员按照其色彩规定，款号规定和上市周期规定进行执行和操作。通过图片可以看出，5月3~4周的商品色彩还停留在春季形象陈列，而6月的1~2周即将出现在卖场的商品则完全营造出夏日清爽氛围，商品色彩的配搭凸显了季节形象。图4-20中则是对系列中的服装商品卖掉大半后的重新整合，它包括不仅要将商品品类排序重组，还要将商品色彩整体色调把握到位重新陈列。这些都是陈列设计师在日常卖场陈列工作中常常要做的工作。

图 4-20

第三节 服装服饰配色的基本知识

一、色彩的原理

色彩是个复杂的物理现象，它的存在是因为有三个实体：光源、物体和观察者。色彩本身是客观存在的，人们对它们的认识和感觉却绝非唯一的。我们日常见的白光，实际是由红、绿、蓝三种波长的光组成。色彩的感觉是作用于人类大脑产生出来，对于色彩的认识来源于人对它的见解与感觉，所以我们在处理色彩时候，就必须了解色彩的原理。从图4-21中可以看到，日常见的白光实际由红、绿、蓝三种波长的色光组成，这三种最基本的色光称为光的三原色。物体经由光源照射，吸收和反射不同波长的红、绿、蓝，经由人的眼睛传到大脑，就形成了我们看到的各种颜色。

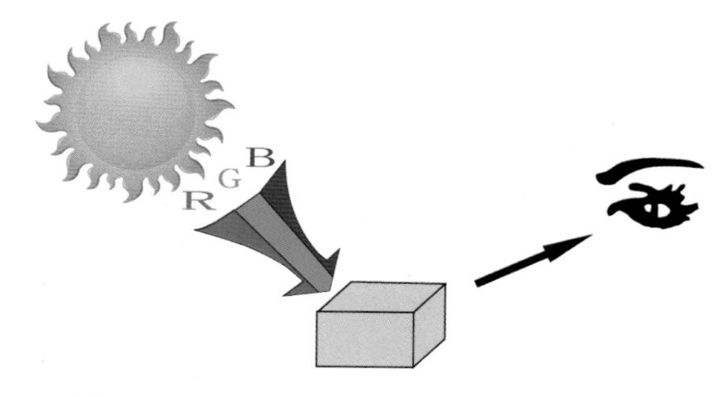

图 4-21 色彩的原理

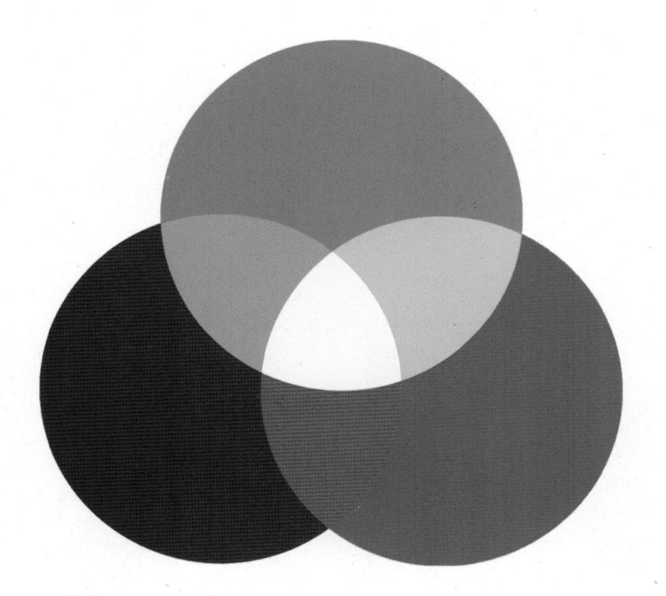

图 4-22 次混合色

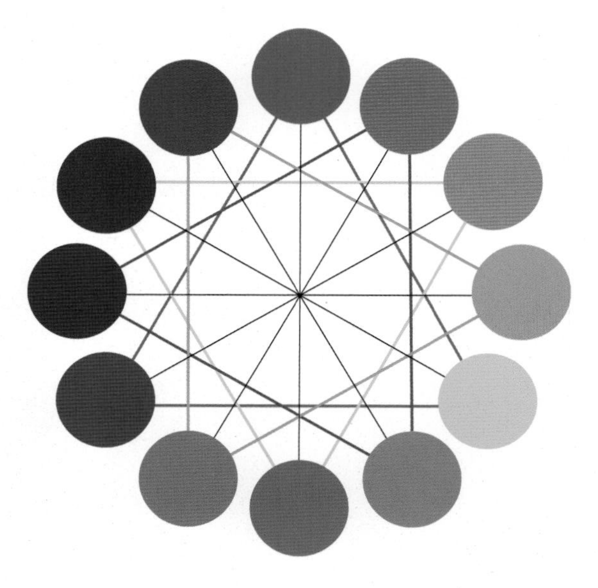

图 4-23 二次色和三次色

红、绿、蓝三种波长的光是自然界中所有颜色的基础，光谱中的所有颜色都是由这三种光的不同强度构成。把这三种基础色交互重叠，就产生了次混合色，也就是青色（Cyan）、洋红色（Magenta）、黄色（Yellow），如图 4-22 所示。

二、色相

色彩的三要素是色相、明度与纯度。在把握色彩时，首先要认识色相，然后要记住它们相应的名称。如果不能分出色相的色彩，那么调配色调时就会很困难。

红、黄、蓝是人们常见的颜色，也是色彩中的三原色。三原色就是指这三种色中的任意一色都不能由另外两种原色混合产生，而其他色可由这三色按照一定的比例混合出来，色彩学上将这三个独立的色称为三原色。

由三原色之间混合派生出来的颜色称之为二次色，如红 + 黄 = 橙，黄 + 蓝 = 绿，蓝 + 红 = 紫，如图 4-23 所示，橙、紫、绿色就是二次色，处在三原色之间，形成另一个等边三角形。而由橙、紫、绿二次色和三原色之间左右相加派生出来的、形成另一个等边三角形的颜色称之为三次色。井然有序的色相环让使用的人能清楚地看出色彩平衡、调和后的结果。

三、明度和纯度

常听销售人员在向顾客介绍服装商品的时候说“这个色亮，衬托皮肤显得干净自然；那个色暗，显得身材收缩，看上去苗条”等这类的话语。色彩的亮和暗之分，其实就是色彩的明度。明度指的是某种色彩所对应的色调的深浅，可以用一般概念的亮和暗来理解。色彩的浓艳还是淡涩，这就用“纯度”（也称彩度）来描述，纯度指色彩的鲜艳程度，三原色是纯度最高的色相，调和色是纯度降低的色相；黑白灰色属于无彩色系列，其彩度是 0。

必须注意的是，明度和纯度是两个完全不同的概念，但是两者又有一定的关系，因为两者都和灰调有关。日本色彩研究所的配色体系（P.C.C.S）中，黑为 1，灰调顺次是 2.4—3.5—4.5—5.5—6.5—7.5—8.5，白是 9.5。即越靠近白，亮度越高；越靠近黑，亮度越低。色相、明度和纯度作为决定色彩的三要素，在进行服装服饰品搭配组合的时候，常见的有两种色彩或三种色彩以上的色彩搭配，以达到视觉的效果，这也就是配色，即调和，而调和得好与不好要依据人的视觉感觉。配色的过程是色相组合、明度纯度间色调调配的过程。只懂得基本色相、仅改变色相来调配不能算是好的配色，色彩之间的把握主要是靠色彩和色调之间的调和，它决定着演示与陈列的成功与否（图 4–24）。

色相中 11 个色调分别是指：

纯色——“鲜明”（Vivid）

强色——“高亮”（Strong）

明亮色——“明亮”（Bright）

浅色——“清澈”（Pale）

浅色——“苍白”（Very Pale）

浅灰色——“灰亮”（Light Grayish）

柔色——“隐约”（Light）

灰色——“浅灰”（Grayish）

钝色——“阴暗”（Dull）

深色——“深暗”（Deep）

暗色——“黑暗”（Dark）

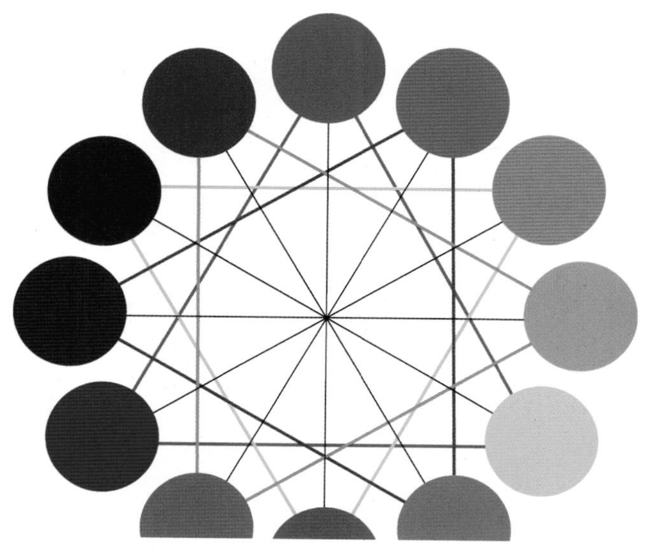

图 4–24　色调

第四节　服装服饰配色的基本特征

一、色彩的心理特征

色彩具有感性的特点和丰富的表情。人们依靠光来分辨颜色，再利用颜色和无数种色彩的组合来表达思想和情绪。人们对色彩的心理反应和色彩的特质有关。色彩的特质指的是色彩和色彩组合所能引发的特定情绪反映。人们在观看色彩时，由于受到视觉刺激，会产生对生活经验和环境事务的联想，这就是色彩的心理感觉。在卖场陈列中不同的色调配色，能够使人产生对时间、温度、重量的感觉变化，因此服装陈列设计师要巧妙利用色彩的特质，推动卖场布局和商品陈列的有效性，提高关注度和销售率。

人们用很多词汇去形容和比较各个色彩的特质。例如红色，光波最长，也是最容易引起关注的颜色，是表现热烈、热情的色彩。红色会向外辐射，引人注目，并且似乎不安于规格内，蠢蠢欲动、蓄势待发。因此，此种色彩强烈、积极又具震撼效果，也可能会使人血压升高、神经紧张等。在服装服饰卖场中，红色比较多见于卖场海报、喜庆节日主题的特定道具装饰和 POP 广告中。但红色使用过于频繁，也会给顾客造成视觉疲劳，感到喧闹和嘈杂。同时，红色运用过多，也会给顾客留下廉价和促销的印象，缩短顾客在卖场的停留时间。

表现理性冷静可以用蓝色。鲜艳的蓝色有命令、强势的意味。清亮的蓝色有拓宽视野的功效，带有一种虚幻、宁静、清澈、流畅的感觉，好像窗边的透明窗帘，告诉人们要放松心情休息一下。纯净的蓝色代表理性、沉着、安详等，也是最冷的色彩。蓝色具有安神、镇静的作用。在医疗服务等机构，很多职业装首选天蓝色。这些都是人们看到色彩后产生的不同的心理作用。在服装服饰的商品陈列中，要通过色彩心理的表现，营造出适宜的情景陈列。但必须要谨记，能够让顾客有愉悦心情的色彩才是成功的色彩。图 4–25 中的卖场，就是巧妙运用了蓝绿色调的调和，将男休闲装卖场的色彩调剂得清新活泼，吸引顾客的视线，传送着清爽的心理感觉。

图 4–25

二、陈列色彩的系统化特征

使陈列的色彩系统化，是明确地传达商店内涵的重要措施。不能简单地把大量的商品堆砌起来，要斟酌商品的性质面貌、设计特点、目标顾客层等不同的方面，用不同的方法进行陈列，而在这时首先考虑的是色彩。对色彩实行陈列色彩的系统化，会更有效果。陈列服装服饰商品，面对很多色彩系列，如何分类、整理、配搭表现，要依据商品特点、品牌风格和卖场氛围而定，因此没有一成不变的决定原则。

不同的人对色彩的感受是不同的，所以陈列色彩的系统化也不是一加一等于二那样简单程式化。因此，按照店面本身格局状态来进行色彩感觉的运用与处理，打造浑然一体的店面形象。这样一来，陈列设计师必须要明确店面的格局、经营的策略、主题商品的特征。要将色彩陈列放在首位，将商品构成与推销策略准确传递，形成商店或卖场的鲜明特征。例如陈列设计师在店铺准备陈列的商品时，色彩只是商品自身的、局部的，当进行陈列时，要将这些商品色彩和店面形象一起考虑，即便是陈列简单的色彩系统，也要组织成色彩协调的视觉效果。比如正面陈列用具有色彩纯度的商品组织，侧面陈列用具有色彩明度的商品组织，这就是陈列色彩的系统化组织。在实际店面卖场应用中，若能够用色彩系统化来贯穿整个卖场色彩氛围的话，该卖场的色调看上去就会统一协调，视觉上非常舒适。

图 4–26 中整个卖场按照商品风格，进行了陈列色彩系统化实施。从橱窗放眼望去，粉色的不同纯度与明度是卖场色彩的核心，经过有效的调和配搭，使得卖场具有浑然一体的视觉形象，光波最长的红色放置在卖场的最深处，丝毫不影响橱窗外的顾客看到它。服装陈列设计师巧妙运用了同一色相不同色调的调和，进行了卖场色彩系统化的打造，为顾客传递出商品鲜明、配搭有序的销售信息。

图 4–26

三、色彩三要素的配色原则

要想调配好色彩，要遵循以下要领：明确演示、陈列的目的；以基本色为中心；依照色彩三要素进行配色。

色调是结合明度和纯度（也称彩度）的概念，最初来源是语言对颜色的描述：对偏白的颜色，人们通常会使用“浅”、“柔”等形容词来描绘；而对作为三原色的红、黄、蓝三种颜色，人们自然会联想到“鲜明”、“强烈”的形容词。根据人类心理的角度对颜色进行分类的科学体系，在很大程度上方便了人们对颜色的分类和使用。

色彩三要素中的明度和纯度合起来的状态，可用“色调”来称呼，所谓淡调、深调、鲜调、暗调、浊调，就是依据明度、纯度方面的色彩位置而产生的色调名称。色调配色能形成、营造一定的印象、情调与美感。特别是在服装色彩的处理中，色调配色在流行倾向和观感的表现上，地位相当重要。在演示、陈列中运用三要素配色，要按照其表现的目的，有效果、有系统地进行色彩的控制、调节。对于陈列来说，巧妙地运用色彩配色，才能营造出让顾客容易明白的、充满魅力的销售空间。演示也要讲究运用色相与色调的调配，形成能吸引顾客视线，并与其他店面有区别的情态与氛围。

第五节　服装服饰陈列配色设计技巧

色彩绝不会单独存在，这是因为一种颜色的效果是由多种因素决定的：反射的光、周边搭配的色彩以及观看者的欣赏角度。在服装服饰配色设计中，应用色相色调的配色设计，在服装服饰等领域是常用的技巧。

一、同一或类似色相、类似色调配色

使用同一或类似色相的类似色调配色方案，在所有配色方案中能够营造出最强烈的冷静、整齐感。但当使用了华丽鲜明的色相时，也可以得到强烈变化。类似色相、类似色调配色方案的特点是冷静整齐。

图 4–27 所示为同一色相、类似色调配色，该品牌卖场的入口使用了同一色相红色的类似色调，类似色调包含有相近纯度和相近的明度，使得卖场看上去整齐、冷静。图 4–28 所示为类似色相、类似色调配色，在色相环上处于 30° 角度的颜色称之为类似色，该卖场服装配色属于类似色相的类色色调之间的搭配调和，色相组织上类似中有变化，配搭上有细节重点，给顾客以可观性。

二、同一或类似色相、相反色调配色

这种配色方案主要使用同一或类似色相的相反色调，可以在保持整齐、统一感的同时更好地突出局部效果。类似色相、相反色调配色方案的特点：整齐统一局部突出的效果。色调差异越大，视觉效果就越明显。图 4–29 的装饰画很好地说明了同一个色相（紫色）用相反色调配色而带来的整齐统

一但是局部突出的特点。图 4-30 用了同一色相的（蓝色）鲜明和深暗的相反色调的陈列配色，点缀了亮黄色的配饰，局部突出，视觉观感舒适，引人注目。

图 4-27　同一色相、类似色调配色

图 4-28　类似色相、类似色调配色

图 4-29　同一或类似色相、相反色调配色

图 4-30　同一或类似色相、相反色调配色

三、相反色相、类似色调配色

这种配色方案使用了相反的色相，即在色相环处于相反方向的两个色彩，通过使用类似色调而得到特殊配色效果。影响这种配色方案效果的最重要的因素在于使用的色调。相反色相本身就有差异性，当两个相反色相的色彩使用了纯度比较高的鲜明色调时，色相对比效果极为突出，能够得到较强的动态效果；当使用了纯度较低的黑暗色调时，即使用了多种相反的色相也能够得到较安静沉重的视觉效果，这是因为使用暗色调时色相的差异会变得不太明显。相反色相、类似色调配色方案的特点：静态的变化效果。补色与相反色相配色可强调轻快的气氛。图 4-31 所示为相反色相、类似色调配色。

图 4-31　相反色相、类似色调配色

四、相反色相、相反色调配色

因为采用了相反的色相和色调，所以得到的效果具有强烈的变化感和逆向性。如果说类似色调配色方案能够凝造轻快整齐的氛围，那么相反色相、色调配色方案营造出的，就是一种强弱分明的色彩氛围。影响这种配色方案效果的最大的因素在于所选色相在整体画面中所占的比例。相反色相、相反色调配色的特点：变化感和逆向性。图 4-32 所示为相反色相、相反色调配色。

图 4-32　相反色相、相反色调配色

五、彩虹渐变配色

规则与韵律的结合，是以色彩自然排列为主的配色方案。雨后漂亮的彩虹就是最典型的渐变配色实例。按照一定规律逐渐变化的颜色，会给人一种富有较强韵律的感觉，可以分为色相渐变和色调渐变。图 4-33、图 4-34 所示为渐变配色。

图 4–33　渐变配色

图 4–34　渐变配色

六、分离配色

强弱对比，产生色彩有秩序的视觉效果，持续地在颜色与颜色之间插入一个分离色，可以得到连贯分离的配色效果。在服装商品进行企划设计时，设计师常特意去寻找这种配色的图案面料，从而设计出分离色款式的成衣商品。但是在卖场中，通常使用白色或者黑色等非彩色进行分离，主要用于需要分开情况，当颜色杂乱花色差异不太明显的配色环境，为了提高视觉效果可使用这种配色方法。分离配色与渐变配色相同，也是基于颜色排列方式的配色方案。在 IP 空间的服装侧挂技法中运用广泛。图 4-35 所示为用分离配色进行设计的服装商品。图 4-36、图 4-37 所示为分离配色进行陈列的卖场 IP 空间。

图 4-35　用分离配色进行服装设计

图 4-36　用分离配色进行 IP 空间设计

图 4-37　用分离配色进行 IP 空间设计

小结

本章系统地介绍如何充分结合时代气息开展陈列工作，陈列如何符合品牌定位、吸引目标消费者和行人目光并使之愉悦地享受是视觉陈列的核心要素。色彩和流行要素对服装与配饰的色彩风格之间的协调，能作用到服装形象陈列的准确传达。本章用大量图片使学生对色彩配色技巧、色彩的感觉和心理特征有所认知，对陈列的色彩系统化和服装服饰的陈列配色关系进行了深度的讲解，为下一章节的服装服饰陈列实施提供了系统的理论知识。

思考题

1. 为什么色彩是服装服饰卖场中的基本要素?
2. 服装与配饰的色彩与风格如何协调?
3. 如何准确传达服装季节形象的陈列以及与色彩的协调?
4. 服装服饰陈列的配色关系有哪些?

案例研究

大学毕业后，阿芳按照自己所学的专业顺利地得到了一个外资休闲装品牌的陈列师工作。但是工作之初的头三个月，她只能到其各连锁店作为实习店员在卖场中做销售，不允许做陈列方面的工作。两个月后，主管安排阿芳每到一个店面就要带着一张表格（见下表）对该店铺色彩形象进行打分。陈列主管对阿芳说，那张表格考核的不仅是店面色彩陈列，也是对阿芳日后的工作能力和专业水平的考核。公司认为，通过对店面整体视觉色彩形象的了解，不仅可以深入了解本品牌商品销售状况，还可以近距离观察顾客的消费行为，从而为以后开展陈列工作打下基础。起初阿芳并不是很理解公司的要求，但通过对照手中拿到的那张表格的内容，结合自己专业知识，认真对每一家店面卖场打分，并针对每一家店面仔细提出了自己的调整方案和效果图后，阿芳最终得到了公司打给她的满意的分数。

问题讨论

1. 为什么公司交给阿芳的表格也是对她进行考核的标准呢?
2. 阿芳为何得到了公司对她的满意评价?
3. 表格中针对哪些问题对店面进行评估?

练习题

任选5个服装风格不同的品牌店面访问，针对其卖场内陈列配色的问题，用以下的表格进行评估。

调研时间：	商店名称（品牌）：		
调研地点：	品牌风格：		
分数值共100分	7~10分	5~7分	0~5分
	好以及原因	一般以及原因	差以及原因
（1）视觉色彩陈列是否具有流行色元素			
（2）视觉色彩陈列是否符合品牌定位			
（3）VP演示空间的色彩陈列传达主题是否明晰准确			
（4）橱窗视觉陈列效果能否使人愉悦并引人联想			
（5）VP演示空间中服装与配饰色彩搭配是否和谐			
（6）PP展示陈列空间中商品与配饰风格搭配是否和谐			
（7）VP演示空间中视觉陈列是否具有季节感			
（8）IP陈列空间中商品色彩是否协调配搭			
（9）店面整体视觉形象色彩是否统一和谐			
（10）商品陈列配色设计的方法如何			
总分			

第五章　服装服饰卖场人形模特模型与商品配置

【本章学习要点】

通过学习本章，能够了解：

（1）人形模特模型演示的正确选择与着装方法；

（2）人形模特模型演示的合理数量配置的基本方法；

（3）服装服饰商品与商品群的配置方法；

（4）卖场构成的条件、要素、区域的划分。

在卖场的基本构成中，人形模特模型演示与商品配置以及卖场区域划分等都是需要认真思考规划的工作。尤其是服装服饰卖场中的人形模特模型的使用是最为频繁和突显效果的。恰当正确地使用人形模特模型，可以形成真实感觉的生活空间和氛围体验，也能增加品牌与顾客之间的亲和力。在上文中已经介绍了人形模特模型的相关种类，在这个章节中将详细介绍如何根据卖场空间的布局，对卖场面积和经营风格进行各种人形模特模型的选择和恰当的陈列，对于商品的配置也将进行系统的分析。无论对于开在街边的直营店还是开在百货商场内的店中店，客观分析商品后进行合理的演示配置陈列，对于卖场的构成和销售能起到事半功倍的作用。

第一节　人形模特模型的选择

服装人形模特模型有很多种类型、姿态式样与材质，常用的分为：有头和无头；站姿、坐姿和卧姿；男模、女模和童模等类别，从实用功能上还分为：各种软性模特、打板立裁模特、婚纱晚礼服模特、运动模特、卡通模特等。还有些人形模特模型采用一体化设计，一体化设计的模特没有能活动拆卸的组件，市场上绝大多数的服装人形模特模型是可以拆卸组装的。根据季节变换，服装服饰卖场最常选用的就是能够拆卸组装的模特模型。除了服装商品外，服饰商品用的模特模型还有：销售鞋类、丝袜、长筒袜的腿模、脚模；销售内衣的胸模；销售手套的手模；销售围巾、帽子的头模；销售珠宝首饰的颈肩模、手指模等，如图5-1 ~ 图5-5所示。

一、人形模特模型的特点

因为服装人形模特模型和真正的人体不同，人体可以弯曲、变化姿势，而人形模特模型不行，所以其手臂、手和腿必须是可以拆卸的，以便于更换服装。有的人形模特模型除了手臂、手、大腿可以拆卸外，腰部也是可拆卸的，因为腰部是穿脱服装的重要部位，尤其是穿裙装、裤装的时候，腰部必须是要能拆卸的。有的布艺人形模特模型是可以按照服装着装后的造型调整手臂和手的动态姿势，但是大部分服装人形模特模型只能展示一种动态姿

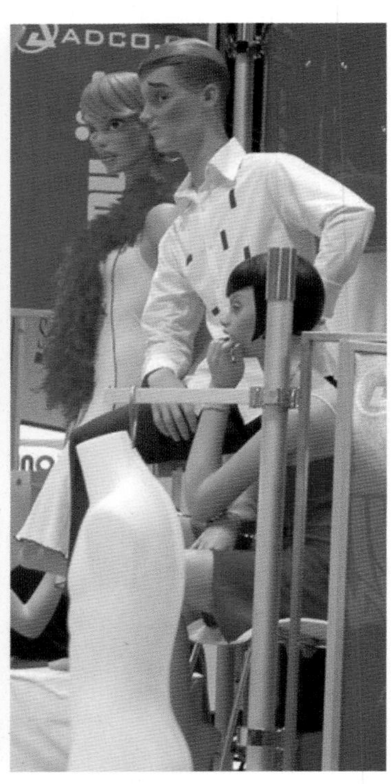

图 5-1　服装道具展会上形态种类各异的人形模特模型

图 5-2　销售丝袜、长筒袜的腿模

图 5-4　销售手套的手模

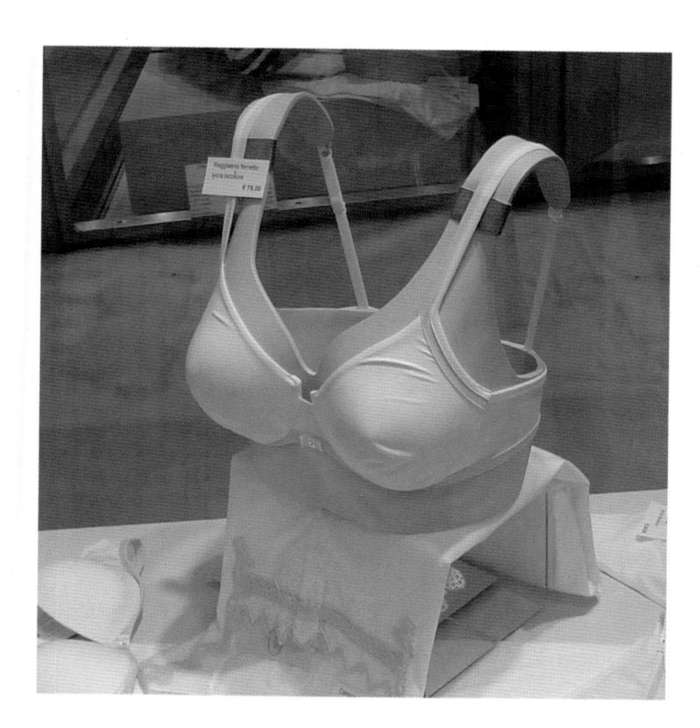

图 5-3　销售内衣用的胸模

图 5-5　销售帽子用的头模

势。那么服装陈列师要想取得理想的视觉演示效果，就必须准备很多个不同姿态的人形模特模型，按照服装的风格、消费者目标定位，来选择不同气质的人形模特模型道具，并且要根据卖场演示的空间来设定数量和姿态，以此来适应不同季节、不同款式造型的服装商品。

二、人形模特模型的肢体结构

人形模特模型各部分组件可以组装成一个完整的模特，如图5-6所示。

通常，腿部为一个整体组件。有时为了操作方便也可分开，如能展示裤子的服装人形模特模型，一条腿是可以拆卸下来的。腿组件部分上方有一个楔子，是为了连接躯干部分而预置的，在躯干部分底部有一个与之匹配的凹槽。腿组件部分可以在一定方向上活动，但躯干部分是固定的。大部分人形模特模型都有可以移动的底座，底座材质有钢化玻璃的也有金属的，它承载着人形模特模型重心稳定的作用。当底座和腿部都固定的情况下，人形模特模型是非常稳固的。另外一种人形模特模型是将人形模特模型与地台连接，这样就可以既不用连接杆也不用底座。人形模特模型的胳膊和躯干之间装有特制的连接卡条，既能将胳膊与身体躯干连接，同时也可以转动胳膊，并停留在不同的角度以展现特定的姿势，人形模特模型的手也有特定的卡条与胳膊连接。手的动态基本上是不能改变的，在人形模特模型使用前，需先将手卸下，拿到安全的地方，待全部组装并和服装搭配完成后，才可将手与胳膊安装稳妥，以避免手指在组装作业中碰落受损。

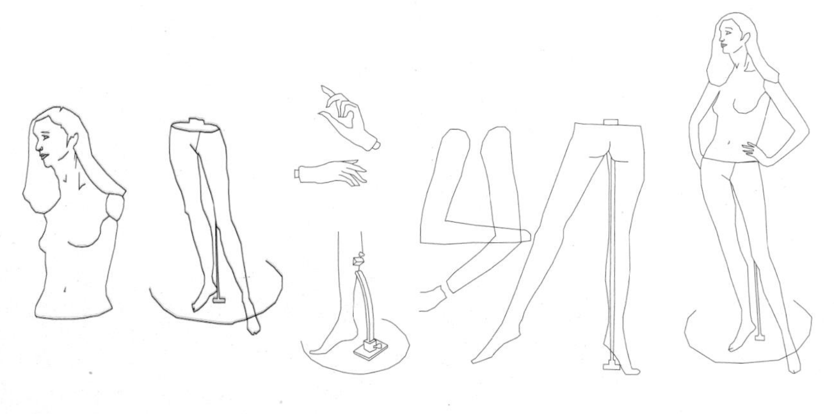

图 5-6

第二节　人形模特模型的着装方法及规则

在给人形模特模型穿衣服前明确目的和安装程序，那么可以大大延长人形模特模型的使用寿命。相反，如果不了解给服装模型穿衣服的步骤，把衣服多次从服装模型身上穿上去再脱下来，不仅浪费了宝贵的销售时间，对人形模特模型和服装也会有一定的磨损，而且增加了服装陈列者的工作量。所以，在为人形模特模型穿衣的时候，不能是感性、随意地挑选服装后穿着，必须严格按照VMD陈列企划案中的要求将所有服装配饰挑选出来后，由里到外一一穿着。

一、准备工作

首先将人形模特模型的假发、双手、手臂、躯干等一一拆卸下来，分别放在安全的地方。如果在卖场里给人形模特模型穿衣时，不能随手将躯干等放在货架或展柜上，也切忌放在地上或人行通道上。这样做很容易惊扰正在放松购物的顾客，也容易被人踩到或碰到，增加不安全的因素。

二、穿下装的要点

给人形模特模型穿衣服要先穿下装后装上穿。在穿裤子时，如果模特的腿呈V形或动态幅度较大，需要先将腿、躯干拆卸后再套上裤装，操作时要注意将脚穿过裤脚筒后与底座连接。如果穿裙装（连衣裙），要先将手臂拆卸下来，全身躯干不动，将裙装由头往下滑落穿好即可，也可从腰部穿脱。穿好之后，套上鞋子，让下半身固定于底座上，然后将下半身与躯干连接。如有搭配长筒袜或短袜，应先穿好，最后再穿鞋，和躯干连接。

三、穿上装的要点

先将人形模特模型的手全部拆卸下来，根据服装围度情况，可将一边手臂或两边全部拆卸。拆卸一边手臂后，单手拿拆卸下的手臂顺着上衣的袖窿套进去，再和躯干连接。切忌将手臂直接从袖口处穿入，这样有可能会破坏服装商品的版型和面料。上装穿好后可调整手臂的动态姿势。在整套服装都穿好后，再佩戴饰品，戴好假发，最后将双手和手臂连接安装，调整好手的动态姿势即可。

四、人形模特模型着装的基本规则

并不是给人形模特模型穿上服装后，演示工作就万事大吉了。由于陈列师一直是在近距离工作，所以穿好后要站在稍远的地方观察一下整体性和细节性，检查一下服装是否有皱褶，配饰是否协调；标签吊牌等是否露在外面以及假发造型是否和服装风格配搭。

由于人形模特模型的腰围比成衣尺寸小，女性人形模特模型通常是58～61cm，男性模型则在70～76cm，所以穿裙装或裤装要挑选接近的尺码，一旦尺码大于人形模特模型腰围，可以在人形模特模型背后调整腰身，并整理出折痕以遮藏固定的别针。但如果橱窗或VP演示的空间是通透式，顾客能够看到人形模特模型的后背，那么一定要挑选非常合适的尺码给人形模特模型进行演示着装，如果一定要用别针进行调整，那么就必须做到恰到好处地遮挡。因为顾客可能从橱窗或VP空间的后面看到服装后面的细节。

尽管演示陈列用的人形模特模型和各种局部人形的模型道具已经有很多种了，但是在一些特殊的情况下，人形模特模型还是不能满足服装陈列的需要。比如，有些橱窗或者卖场内部空间太小，不能装下整体人形模特模型，这个时候，服装陈列师可以自己动手制作创意的或趣味的“模特”模型与整体人形模特模型一起使用。这种自制的“模特”模型可使用各种材料，但是一定要结合所销售服装的定位与风格。

五、整身和半身人形模特模型演示陈列规则

大多的服装服饰卖场在进行橱窗VP的空间设计时，考虑人形模特模型的视觉重要性，通常会以“组”为单位进行展示，由两个或者三四个人形模特模型演示。无论是几个人形模特模型的组合，演示陈列时一定要统一风格，所穿服装服饰颜色相互呼应和贯穿，可采用层叠套穿、添加配饰等多种造型手法把模特打扮得魅力十足，达到最直观的视觉效果。陈列设计师对人形模特模型完成演示陈列后要重新审视是否符合以下的陈列规则：

1. 整身人形模特模型演示（图5-7）

图5-7　三四个人形模特模型演示后，视觉效果必须达到主题与风格统一，互相搭配的色彩之间有交叉，发型发式各不相同，有着各自呈现出的独特气质。图片中的紫色就是这组人形模特模型展示的主色调

（1）展示的服装主题与风格要统一，颜色不得超过五种（包括配饰）。

（2）色彩交叉或中心对称，整组模特模型展示需有一个色彩作为主色调贯穿之中。

（3）展示新款、畅销款（选择货品之前），要先查看其是否有充足的货量。

（4）配穿与主题风格相同的模特鞋，发型发饰要符合主题风格，整齐大方。

（5）人形模特模型底座必须垂直或平行于人形模特模型，并且在地台或展台之上能平稳站立。

2. **半身人形模特模型演示**（图5–8）

（1）只可展示上装,不可为其搭配下装以及长款、半长款。

（2）模特的颜色与所在的墙面或桌面其他商品色彩风格一致。

（3）根据半身模特的颜色,有选择地进行服装服饰商品着装演示。

（4）尽可能以两件以上着装并以套穿的形式展示，加强配饰等装饰。

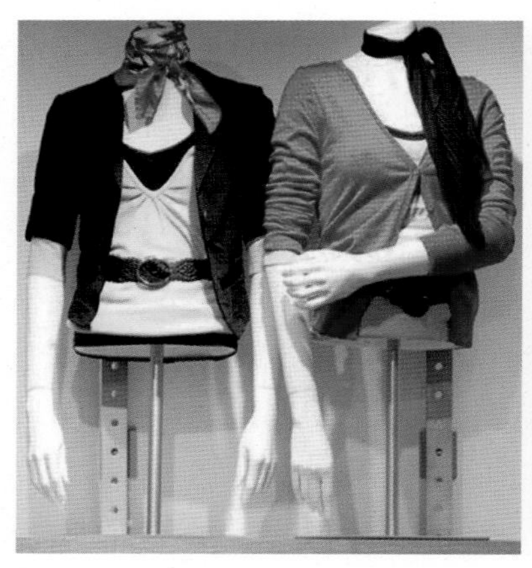

图 5–8　半身人形模特模型着装都是以两件以上套穿的形式出样，和围巾、腰饰、项链、手镯诸多配饰一起做配搭，从细节搭配刻画出整体形象的感觉

第三节　人形模特模型的假发选择与演示规范

服装服饰陈列是引导消费并传递潮流信息的重要工作。作为成本投入的人形模特模型显然不能经常更换，但是人形模特模型的发型却是非常好的调节点。时尚流行的发型也要和服装风格保持步调一致，会梳理假发并能进行发式造型，也是服装陈列设计师必备的功课，如果人形模特模型的假发不能和服装整体保持统一和谐风格的话，也将影响服装整体形象的完美传播。

一、假发的选择和发式造型

为了紧跟时尚潮流，服装陈列师必须配备一定数量的各种颜色、式样的假发，当某一款服装风格不鲜明而又不知道如何陈列的时候，可以调换一下发型，人形模特模型在变换假发后，立刻就能从一种风格变换成另一种风格。时尚的变化速度很快，这更突显了发型的重要性。比如上个季节流行自然质感的韩式长卷发，这一季可能就变成了短的波波头（图5–9 ~ 图5–11）。

图 5–9　假发的造型

图 5-10 假发的变化

图 5-11 戴各种各样假发的人形模特模型

选择假发需要注意种类、适用性。当一种假发款式流行的时候，负责陈列的人应该做出快速的反应，当然，如果VMD部门有很多的假发储备，有不同的款式、不同的长度、不同的材质等，那么陈列的工作就会相对容易些。否则，就需要服装陈列师在一些中长发型上进行创意造型，增加人形模特模型演示的生动感和时尚感。

二、特殊效果和材质的假发

对假发发型而言，错误的颜色、污点、无光泽、破损都是完美陈列所忌讳的，人形模特模型和人一样，必须要经过精心打扮才能魅力四射，吸引所有观者的目光，从而刺激消费欲望。假发可以在所有着装完成后佩戴，根据服装风格进行假发的梳理与造型。

现在市场使用的假发品种很多，大都采用的是纤维材料，也有一些使用真发制作的假发，但是价格昂贵，使用成本极高。纤维材料由于质地柔软，更加接近真发。

各式新颖的假发不断出现在橱窗和卖场演示中，除了仿若真人般时尚动感的发型外，还有很多“非主流”的材料制成的假发，比如酒椰叶纤维以及羊毛材质的假发可以提供特殊的效果，从色彩上也有缤纷果色绚烂多姿，其目的只有一个，对整体服装造型起到烘托或点睛作用（图5-12）。

图 5-12 “非主流”的材料制成的假发

第四节 人形模特模型配置和摆放的基本方法

一、一至两个人形模特模型的配置和摆放

常常看到橱窗或卖场VP空间中使用一至两个人形模特模型配置陈列，在这种情况下，服装的系列感搭配就显得非常重要。通常选择一个主打色系的服装商品，找出在色相环30°之内的颜色放在一起配搭，看上去和谐舒适。如果服装达不到这样的配色效果，也可用饰品如项链、帽子、包袋、鞋的颜色进行调整。

当两个人形模特模型配置，摆放的角度选择并肩站立时，把其中一个人形模特模型放在稍前或后侧能更好一些，形成前后的动势。把后面的人形模特模型高度适当调到比前面模型稍高的位置，这样即便是穿着一个色系的系列服装，看上去也不会显得呆板单调。在放置人形模特模型空间有地台时，地台可设计出高低错落的形式，在配置两个人形模特模型的时候，选择一个站姿和一个坐姿，比较容易构成三角形的陈列形式，这种构成适合放在小型VP空间卖场和竖长型橱窗内（图 5–13）。

图 5–13　两个人形模特模型一个站姿和一个坐姿，前后摆放构成三角形的陈列形式

当配置两个人形模特模型，摆放选择在平行线上时，可将两个人形模特模型的双腿分别呈45° 夹角站立摆放，使人形模特模型之间仿佛是朋友关系，传递出亲和力。如果是一男一女的人形模特模型，那这个角度绝对是情侣装的陈列（图 5–14）。

把某种道具、道具桌或者季节装饰物品放在两个人形模特模型中间或前面的时候，应使道具桌上的道具和季节装饰品与人形模特模型演示的商品有密切的相关性，能够起到烘托商品主题或者品牌文

图 5–14　两个人形模特模型的双腿呈 45° 夹角站姿的形式陈列出样，生动有故事情节性，引发顾客联想

化的作用，产生和谐的整体节奏感（图 5–15）。

二、三个人形模特模型配置和摆放

三个人台的配置可以是前一后两的站立摆放，也可以是一左两右，或一右两左的配置陈列。如果是三台模特模型陈列演示的话，其中要有一个是坐姿较为合适。能组合成三角形构成，便于陈列出情节故事的场景。要在服装和配饰上仔细搭配，用后面的人形模特模型体现远近感，前面的人形模特模型用同款或色彩相互关联的商品整合演示，不要忽略主打色在三个人形模特模型之间的贯穿（图 5–16）。

要想强调前面人形模特模型的服装或商品时，可在人形模特模型的中间用道具桌或季节装饰品隔离开来，能有效地产生距离感和动态的效果。同时一起演示的道具和季节装饰品也必须和这三个人形

图 5-15 除了两个人形模特模型自身服装配搭协调外，周围道具展台上陈列的商品和高尔夫球具也能够烘托主题商品，衬托主打服装的精心陈列。商品系列配搭丰富视觉呈现和谐感

模特模型演示的商品有密切的相关性，让消费者感受到商品主题的信息和品牌文化。

如果三个人形模特模型放置的距离太近，会有拥挤的感觉，类似团队的组织出现会给人以视觉上的重量感。这类配置比较适合男装演示陈列，为了调整气氛，可用些小道具，也可将三个人形模特模型的角度分别以45° 呈V型陈列（图 5-17）。

有些卖场或空间比较敞亮，喜欢把三个人形模特模型以射线的形式配置，这是最能显示远近和节奏动感的方法，能够以同样的姿势、商品、色彩构成有鲜明特色的演示，多用于运动休闲类服装的陈列。

图 5-16 三个人形模特模型的陈列出样，不仅要在服装系列上和谐统一，在动态上也要根据其 VP 空间的面积做最有效的规划。

图 5-17 三个人形模特模型陈列出样，站得很密集但都有不同的角度，再配以小情景道具烘托，一组时尚帅气街头风格的男装系列被精心演示在了橱窗中

三、四个及四个以上人形模特模型的配置和摆放

在卖场或橱窗VP演示四个以上人形模特模型的时候，除了在配置摆放的角度上要多考虑，人形模特模型的着装色彩和系列也尤为显得重要。为了使视觉感官不显得枯燥，很多商家除了用坐姿模特模型，还会使用一些特殊造型的人形模特模型进行调剂。在服装用具市场上，为了满足普通品牌商店卖场的需求，人形模特模型也可根据要求进行定做。

使用四个甚至更多的人形模特模型，要想看上去人物鲜明丰满，有不同的个性，就需要在场景布局上、故事情节的安排上、服装色彩上形成鲜明的信息传达，要让消费者明白看什么，重点突出的人物形象是哪个，要达到这个目的就要将人物主角、配角在摆放前就选定好。

由于人物众多，服装色彩演示上必须要有主打色彩，其所占比例通常达到60%～70%。色彩不宜过多，在强调一种品类、几个颜色时，宜选用2～3种大色系表现，如果是两种色系之间的配搭，使用7:3或5:5的色彩比例就会成为冲击力相当强的演示。如图5-18所示，四个人形模特模型陈列出样，橙红色和米色色系之间的配比接近5:5，娇艳的橙红、粉红色系在灯光的照射下显得十分鲜明夺目；人形模特模型的构图将一连串的人物关系都留给观者自行去联想，这时，视觉营销的商品策略就突现了出来。

图 5-18

图5-19中是五个人形模特模型陈列出样，人形模特模型的姿态各异，色彩协调，风格统一，构图高低错落有致，服装商品信息量强大，很好地传递了本季蓝色的流行和撞色之间的色彩配搭与时尚造型。不管多少个人形模特模型，只要摆放合理、协调都能成为富有魅力的演示。演示的场景应以统一的色调作为主线相连接，并且每个人形模特模型的服装色彩都要与主色调协调，这样整体视觉感就会统一和谐，才能给观者留下美好深刻的印象，同时也能更加刺激顾客的感性认识和购买欲望。

四、人形模特模型配置注意事项

（1）先要确定VP空间的宽度、长度，再根据

图 5-19

空间的大小决定人形模特模型的种类和数量。

（2）根据主销商品，使用对商品适合的小道具或者季节标志性饰物。

（3）了解在主动线的什么位置摆放以及在哪里看人形模特模型最显眼，把看人形模特模型的视线或方向面对顾客的视点。

（4）一定要在稍远的地方看看整体是否协调，有没有不足的地方，从每个方向认真检查。

（5）根据季节或商品用各种各样的演示方法，创造一个有变化的生动的卖场。

第五节　服装服饰商品的配置与摆放

一、服装服饰商品的摆放

商品陈列的重要作用是为了能让顾客关注并以最舒适、便捷的方法买到商品。作为一名专业的服装陈列师应以视觉营销为导向，根据服装款式、色彩、材质、风格、定价等，规划出哪些款式商品适宜做VP空间演示，哪些款式商品适宜做PP空间展示陈列。在陈列规划中，再根据卖场商品特征与实际情况，结合以下特点进行商品配置与摆放。

1. 按商品价格配置与摆放

服装商品在企划之初，根据商品成本，其定价也有高中低之分。掌握了现有商品的价格趋势定位后，可将高价的商品放在卖场最里面，将适中价格的商品适量摆放在卖场的最前面，把价格比较低的商品可以摆放在卖场入口或者收银台附近。如图 5-20所示，将商品按照价格进行配置摆放，在大型品牌卖场中，价格比较低的商品常常配置摆放在卖场入口处，突显品牌质优价廉的视觉形象，吸引消费者的到来。

图 5-20

2. 根据卖场面积配置摆放

根据卖场的面积和空间体积，结合服装商品特征，可将服装商品品类中需要占大面积的款式陈列配置在有一定高度空间的地方，对于面积小的卖场，可尽量采用折叠商品的方法，不要全面展示，对于面积大的卖场空间，也不要重复进行商品配置摆放，要做好空间布局的规划，让顾客通过眼睛感受到卖场的货品丰富。

3. 根据销售量来配置摆放

能够刺激顾客眼球的应季并畅销的商品，大都摆放在入口处，这被叫做诱目陈列或诱导陈列；附加价值比较高但属平销的商品在卖场内部重点区域摆放配置；根据销售报表上销售量较大的商品应首先考虑摆放在卖场的中央部位，同时互相穿插滞销商品一起配搭摆放,可使顾客在挑选过程中将滞销的商品一同购买。滞销的商品放在一起配置摆放，即便是很低的折扣也不能吸引顾客，因为“过时、断码、过季”等这些先入为主的想法都会阻挠购买的欲望。服装陈列师如果能将过季或滞销的商品和畅销商品一起巧妙配搭摆放，就能增加视觉商品价值，能最大限度地刺激销售并消化库存。

4. 短期销售商品的配置摆放

在一些特定的节日或促销活动中，经常能看到一些卖场在出售商品时，把大量商品放在入口或者是离仓库近的地方，这样的商品配置摆放可以方便顾客购买和及时补充货源，但是不利于品牌的视觉形象建立和传播，只适应一些短期销售商品的配置摆放。

5. 按照商品的季节特性配置摆放

按照商品的特性进行配置摆放，比如家居卖场中，床品等都要放在床上展示，窗帘则要挂在墙上陈列。服装服饰商品也一样，尤其是在季节交替时，要注重服装商品的季节功能性配置陈列。

商品的配置摆放有很多方法，除了以上列举的方式外，还可依据品类的特性、色彩等随时调整变化，无论如何配置摆放，最终的目的是方便顾客购买。优秀的商品配置就像构成卖场的脉络一样，要方便购买和管理商品。

二、服装服饰商品群的配置陈列

在卖场布局中，商品的配置陈列、排列方法都会对销售起到重要的作用。卖场在实际销售中，如何在适当的时机补充、增加一些商品来展现卖场的特征，如何把主打商品和附属商品有机结合起来，使顾客被吸引并前往卖场逗留，同时刺激引发购买的欲望。就服装商品而言，卖场内主力商品群的配置陈列是非常重要的摆放。

1. 主力商品群配置摆放

主力商品群适合摆放在从卖场的主入口VP演示陈列空间开始到主通道并出现在PP展示陈列空间中，通过主力商品群的陈列连接主通道来引导顾客的动向和视线。对于女性消费者来说，季节性商品，物以稀为贵的商品或是第一感觉心动的商品，尤其是轻易购买不到的商品，对于她们来说都是具有吸引力的商品，在配置陈列的视觉效果上应该让这些商品特点发挥作用。

季节性商品如夏天的泳衣，冬天的围巾、手套等商品在短期内要想销售到位，就应该把这类产品以“群组”的形式来配置摆放，在宽敞的空间里方便顾客试穿。这类商品群卖场要占卖场空间一半以上才会有销售效果。很多快速时尚品牌就是按照群组系列进行卖场商品配置陈列的。

2. 附属商品群配置摆放

除此之外，还有附属商品群。这类商品群中不乏基本款或必备款服装，没有销售淡季、旺季之分。属于这类商品群的商品，大都配置陈列在出口通道或收银台服务区附近，或是离销售区域近的位置。常见的有销售机会的附属商品，如吊带背心、围巾、腰带、配饰、帽子头饰、袜子等。

3. 刺激商品群配置摆放

刺激商品群通常不是卖场畅销和必销的产品，属于概念性商品或者特殊意义、特殊价值的商品，作为某项主题活动而进行的焦点陈列，以此来刺激观者的视觉从而引发强烈关注。它们是根据商品营销战略，或者是特定主题的活动而暂时配置摆放在不同的场所，以诱导顾客为目的，通常会在卖场的独立展示空间里展现，或者设置在PP空间隔板或墙面上。

第六节 服装服饰商品的卖场区域配置

为了配合卖场的商品配置陈列，让一个品牌卖场在品牌林立的销售空间中引人注目，还需要用一些必要手段来配合。现在的购物活动已经成了一种体验式的休闲行为，为了打造既舒适愉悦又方便购物的卖场环境，需要把多样种类的商品配置陈列得让顾客容易找到，并且各类商品的区域和面积的配置具有合理性，同时还要便于销售人员对商品进行管理。

一、卖场区域配置条件

不管卖场规模、营业形态以及商品种类如何，总要有下面四种区域：演示商品的配置区域，陈列商品的配置区域，流通道路的配置区域，仓库、试衣间、服务的配置区域。卖场区域配置条件和商品在卖场内的位置、面积、体积、数量、顾客动线等有关。配置的比例应按商品的不同种类进行。比如高价精品商品，演示区域要扩大，陈列区域要缩小，要确保区域周边以及顾客动线宽敞；而平价、低价商品的演示区域应该要比陈列区域小，区域配置在一定程度上要包含仓库以及服务区域。四个区域的合理分配会影响到卖场销售效率，因此卖场区域配置比商品演示和陈列的工作更需要前瞻性和智慧性。

二、卖场区域的人文条件

在现代产业社会中，零售业已超越了单纯的销售场所的概念。商业空间环境的变化越来越大。消费者的需求也日趋个性化，形成了流行的周期。社会的发展和消费者使卖场的环境发生了重大的变革。现在，购物成了观光的一部分，顾客会选择环境和服务至上的商家卖场，商家要应对消费文化和时尚的变化。生活中我们的零售店大多在“量”的销售技能上是没问题的，但在“质”的销售技能上还是不足。“质”就是指优质的商品，适当的价格，快捷的购买环境，新生活文化的创造，正确优质的服务。美国著名的梅西百货店提出的三种方向的卖场构成格局策略可以给人以借鉴：

1. 一个有魅力的卖场——是一个顾客内心喜欢去的地方。
2. 积极的商品政策——给予顾客刺激和满足感。
3. 充实的服务——体现细微之处的关怀。

小结

本章介绍了一个优秀的高销售率的卖场在面对消费者前需要进行大量的卖场内部规划工作：配置人形模特模型；掌握商品配置的演示陈列方法；根据品牌定位，在充分了解卖场风格和卖场面积与空间后，对卖场区域进行布局。作为专业的服装陈列设计师，要使品牌卖场能够给顾客提供愉悦舒适的观光体验，就必须对卖场构建进行系统客观的视觉营销陈列规划，结合顾客需求和社会变化的影响，打造出有魅力的卖场，建立品牌形象。

▶ 思考题

1. 如何为运动休闲装卖场选择人形模特模型？
2. 配置三个以上的人形模特模型需要掌握哪些方法？
3. 商品的陈列配置方法有哪些？
4. 如何打造顾客从心里就愿意去的商店卖场？

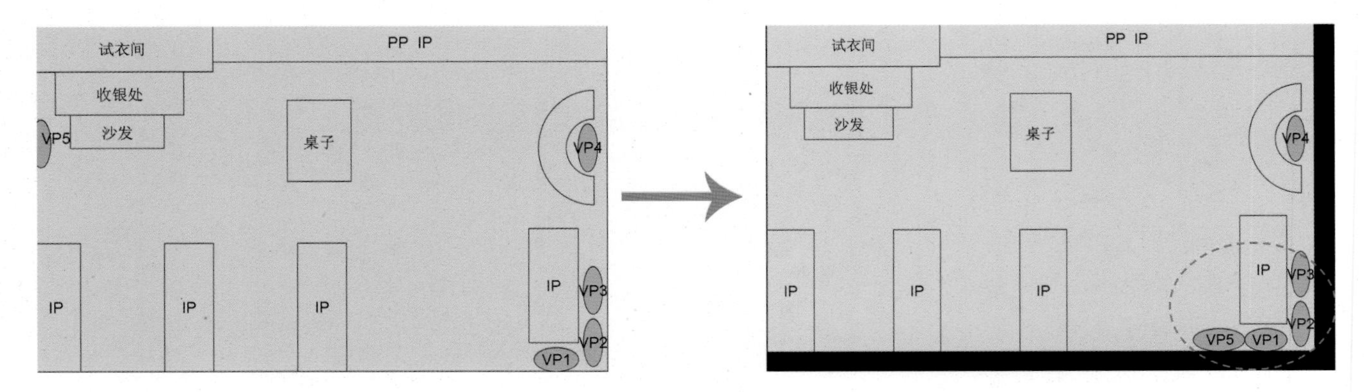

图 5-21　调整前和调整后的平面布局

案例研究

笔者曾带学生到大连某商城的女装卖场进行卖场陈列实践。在实践的过程中，针对一些卖场的人形模特模型配置问题，进行了实践前的“诊断”。从色彩的协调和数量的配置上进行了现场调整。图5-21所示为某品牌陈列前和陈列后的VP空间人形模特模型配置调整平面布局图。将原有的卖场深处的人形模特模型VP5移到了入口处，和VP1、 VP2、VP3放置在一起，形成了四个人形模特模型整体出样的主力商品群的视觉焦点。

通过对该卖场现场整体分析后，重点改造了卖场入口处的VP演示空间。陈列调整前配置的三个人形模特模型如图5-22所示，陈列前的图片显示，商品色彩的陈列配搭上，消费者不能清晰地认知该品牌在本季主打商品和主推的流行色是什么；从人形模特模型自身穿着的服装上分析，也没有明朗统一的主题信息和风格，三个人形模特模型只是自身配搭整齐了，而没有考虑整体的视觉陈列效果。顾客即使看中了某一款人形模特模型身上的商品，也不能在周边IP空间的货架上立即找到。从陈列服务的角度上，不能让顾客自行第一时间找到心仪的商品，会影响潜在的销售机会。图5-23陈列后的图片显示出配置的四个人形模特模型以整体风格演示，主打色为蓝绿色系，配以清新休闲裤（陈列了长短不一的四款）；考虑到该卖场VP空间设在两个通道交汇处，在人形模特模型的动态角度摆放上，也迎合了两边通道来的顾客的视线落点。

最终，卖场陈列实践后的服装商品不仅信息明

图 5-22　陈列调整前的人形模特模型配置

图 5-23　陈列调整后的人形模特模型配置

图 5-24　陈列实践后的整体卖场设计

确，顾客还可在人形模特模型后的IP货架上自行找到心仪的服装商品。由于正值盛夏，在商品配置的选择上，以季节服装为首选，色彩明快清爽舒适的棉质商品，轻薄的款式库存量大价位适中的款式是演示区域中陈列的首选。为品牌在本季的销售增加了卖场进店率，提升了销售额（图5-24）。

问题讨论

1．根据以上案例分析，请按照图5-21陈列前的布局，讨论新调整方案的可行性规划。

2．面对一个品牌卖场，你将从哪几个方面入手，进行卖场区域内的调整和规划？

练习题

请结合所学的知识，探访当地高端服装品牌10个，男装女装各半，认真观察橱窗或店内VP空间中人形模特模型配置的情况，结合橱窗或店内VP空间的实际面积，分析人形模特模型数量和配置姿态。按照下表进行分析和结论，并对表格中分值低的品牌进行人形模特模型配置陈列调整方案的规划。

卖场人形模特模型配置陈列调研表

季节/月份	品牌（男装/女装）	橱窗/VP空间大小	人形模特模型数量	色彩协调30分	姿态协调30分	形象完美40分	照片	总分	是否需要调整

第六章　服装服饰卖场的陈列用具与演示道具

【本章学习要点】

通过学习本章，能够了解：

（1）服装服饰卖场如何选择使用陈列用具；

（2）陈列用具的种类和号型；

（3）陈列用具使用要点；

（4）演示道具的设计分类与设计原则；

（5）演示道具的设计成本和设计表达；

（6）演示道具的材料种类和制作方法；

（7）陈列用具与演示道具的设计案例。

当前的服装市场是品牌林立，竞争激烈，商家们已把商品陈列看得无比重要。服装服饰的陈列，除了主角服装服饰商品外，陈列用具和演示道具的巧妙使用如同绿叶配红花，能将“主角”衬托得无比娇艳，但是怎么用、用在哪才能真正发挥“绿叶”的价值。如果不用道具是否也能将商品的信息价值、风格魅力准确传递呢？若每个服装品牌商家都是这样去做的话，那么在一个平台（商圈、商场内等）亮相的时候，进入消费者眼中的画面难免会有平淡感，甚至令人视觉疲劳。所以，要想在视觉上有差异性的突出表现，陈列道具和演示道具的使用就显得至关重要了。陈列用具和演示道具的水准直接反映了品牌形象的内涵。创新的陈列创意犹如美术馆中高水准的画展，带来的不仅是艺术观感的享受，还能让品牌的灵魂深入人心。

第一节　服装服饰卖场陈列用具的选择

服装服饰卖场中如何选择陈列用具，要依据品牌的定位以及商品销售策略。最理想的服装商品陈列，自然是由人形模特模型立体地演示，但是由于受到场地面积所限，不可能把每一款商品都如此演示。如何让消费者在走进卖场后能流连在陈列货架前并保持潜在的购买欲，服装陈列设计者对于卖场陈列用具的选择就显得格外重要了。

一、陈列用具不能比商品抢眼

家庭进行装修后，对于窗帘、沙发布艺的颜色、地毯的色调等，要考虑装修的整体风格后进行有目的地选择采购。卖场内的陈列用具在选择与采购上也同理，但是这些物品只能扮演商品的“绿叶”，不能比商品抢眼夺目。除了考虑正确的功能性外，其材质、色彩、触感、格调等，必须要与卖场内整个视觉设计形象协调一致。

二、陈列用具应体积适中并可灵活移动

很多卖场装修时就把陈列墙柜等柜体牢牢地镶嵌到了墙上，可是当过了一两年后，由于商品策略的变化，调整商品的布局，原先固定的陈列用具和空间已经不能满足商品陈列的需求了，这样一来只有重新装修或改装，势必要增加企业的成本支出。当今，顾客们喜欢有变化和生动感的购物空间，以

此来进行愉悦的购物体验。卖场不可能经常更换更新装修风格和陈列用具，最简便也是行之有效的方法就是改变店内陈列用具的摆放方式，因此，选择陈列用具时可选择能够移动的、带有脚轮移动功能并且尺寸体积也不宜过大。

三、陈列用具应避免出现尖角外形

陈列用具是整个陈列工作的桥梁，没有陈列用具，陈列工作根本无法推进。有了陈列用具才能使商品陈列产生立体感。陈列用具在卖场中起到承上启下的作用。视觉营销工作者在选择或设计用具时，要考虑陈列用具必须避免尖角外形的出现，因为尖端的东西朝向人体的时候，人总会下意识地感到不安全，这种心理被称为“尖端恐惧症”。在进行陈列用具的设计和选择时，要优先考虑有圆角、曲线或者是倒角的设计，尤其是在陈列用具底部的设计，要考虑卖场通道上人行走的安稳性和安全性。

第二节　服装服饰卖场陈列用具的种类

陈列商品的目的是要使商品展现出自身价值并对消费者具有吸引力，商品在陈列中使用哪种陈列用具能更有针对性地把商品完美展现，这些都是陈列设计师必然要面对的问题。市场上形形色色的陈列用具，到底哪种才是最适合、最有效的呢？在陈列用具的使用中，服装陈列设计师可以发挥自身的专业能力充分展示商品的价值，所以陈列工作中要细心选对适当的陈列用具。因此，要对市场上的陈列用具进行梳理，将之罗列出来，让视觉营销陈列的工作事半功倍。

一、陈列用具的类别

（1）人形模特模型，各肢体部位的模型用具；

（2）各种各样造型的演示台；

（3）促销专属用的花车；

（4）沙发、椅子；

（5）穿衣镜；

（6）服务台；

（7）墙柜（壁柜）；

（8）落地柜；

（9）“岛屿式”陈列桌；

（10）玻璃展柜；

（11）多用途组合架；

（12）展示台；

（13）衣架；

（14）道具摆件；

（15）POP等宣传品。

二、陈列用具的规格

由于服装服饰商品种类的丰富多样，陈列用具也有着各种各样的类型以及不同的规格，如男装类、内衣类、童装类等。由于卖场中的商品特点、风格不同，陈列用具的规格大小也不尽相同。一般卖场中的陈列用具几乎很少有标准规格，都是要根据自身卖场的空间、高度针对性地设计制作或者采购。卖场陈列用具应首选可移动的，尺寸可自由组合的，还可以选择上下高度可以任意调节的多型号陈列组件和用具。根据商品的特点随时改变陈列用具的高度，灵活改变陈列的方式呈现多样的效果。

第三节　陈列用具的陈列要点和卖场内挂架的基本组合

卖场陈列最重要的是通过陈列用具和相关道具的使用，说明商品信息和提升商品价值感。巧妙地把商品的面貌与商品群加以陈列技术处理，是使商品活跃在卖场的重要原因。面貌就是商品的特征、特点，而商品群就是商品集体的现状。在卖场VP空间中的正面演示其实就是展现商品的特征、特点，而IP空间的侧挂、折叠等技术手段就是商品群的陈列。把商品正面的面貌和商品群的量有机结合起来，需要陈列用具并结合陈列手段。卖场内各种各样陈列用具组合的形态直接影响着卖场内的氛围与观感。单挂架陈列、斜挂架陈列、多层展桌以及挂架组合陈列的方式与效果都有不同。

一、单挂架陈列

单挂架，也称挂通、挂杆、单货架等。如果说做VP和PP空间陈列需要花费一定的心思和技术处理，那么单挂架是作为卖场商品侧挂使用的最常见的用具，只是单纯的“挂”，但是，要挂得正确、挂得让人明白和理解，这就需要做技术上的思考。因为是挂给消费者看的，就不能简单地随意悬挂。

（1）不同的地面要留有不同的防尘高度。对于不同地面，挂衣的防尘高度要采取不同的高度，普通地砖，挂衣的防尘高度为15cm高，地板，挂衣的防尘高度为10cm高，地毯，挂衣的防尘高度可以是5cm左右（图6-1）。

（2）不同品牌、不同类别、不同款式、不同目标消费者的服装共同陈列在单挂架上。不能像图6-2所示的方法进行单挂陈列，这种单挂形式会让顾

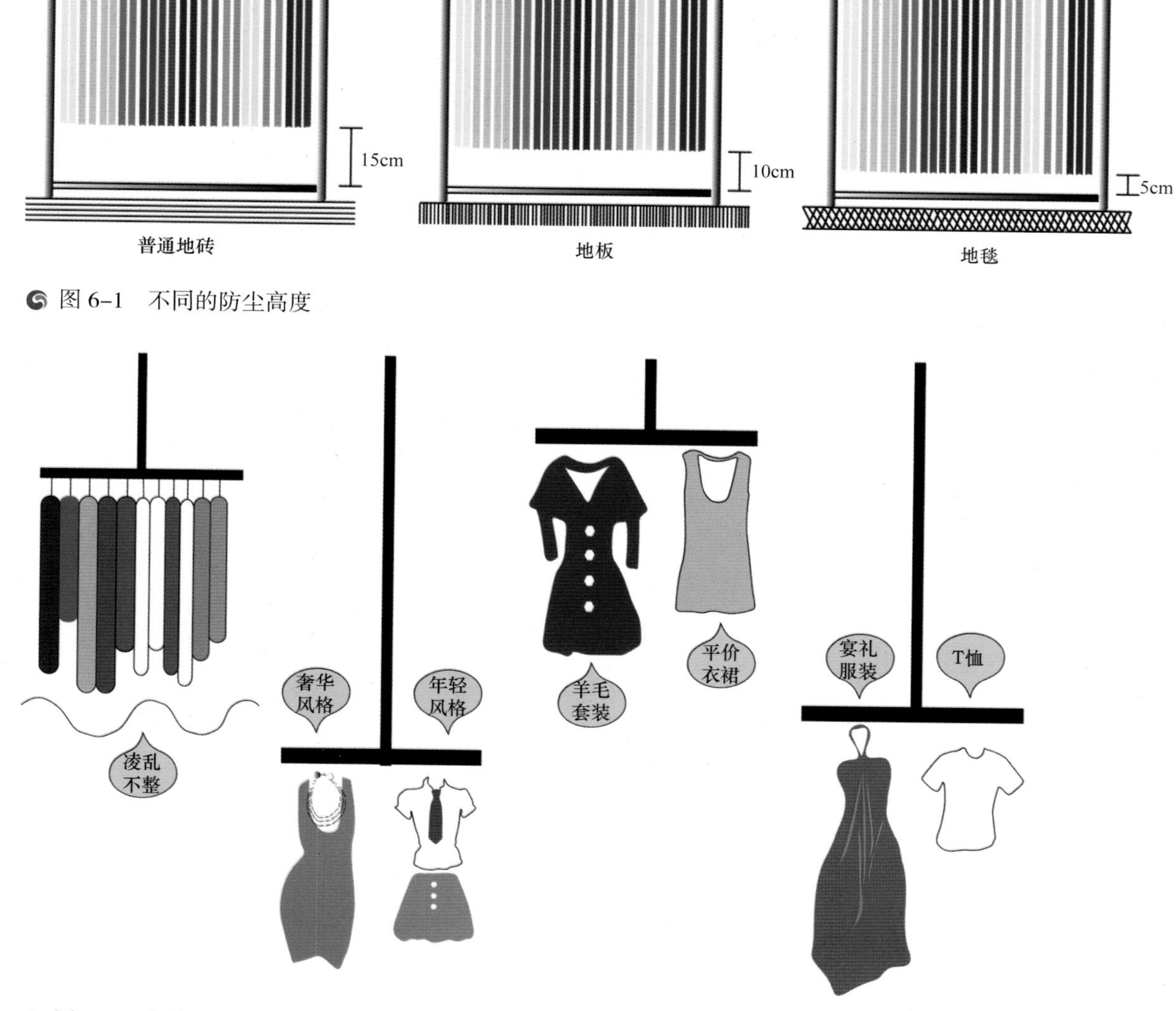

图 6-1 不同的防尘高度

图 6-2 容易让顾客产生混淆乱感的陈列

客产生混淆无所适从的感觉，从而降低商品的特征热点与价值，并且影响了消费者的购买欲望。因此，要进行重新摆放陈列，可以按照系列服装排列，但是每个类别之间要进行协调搭配，将色彩协调整体陈列有序的单挂架陈列提供给顾客（图6-3）。

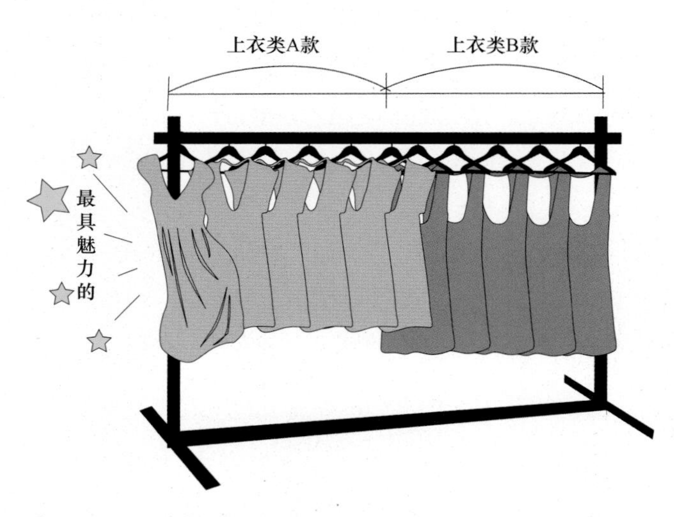

图 6-3 协调的单挂架陈列

二、斜挂架陈列

由于斜面挂架陈列，持钩以五钩最为普遍，因此比单挂架陈列的商品数量要少得多。斜挂架陈列商品时必须要把挂钩挂满，如果少于三件就不要用斜挂架，不能出现多挂和空挂的现象。衣架挂钩必须是一个方向（图6-4），并挂同一类服装商品，正面展出的商品号型要适中，不宜过大和过小。

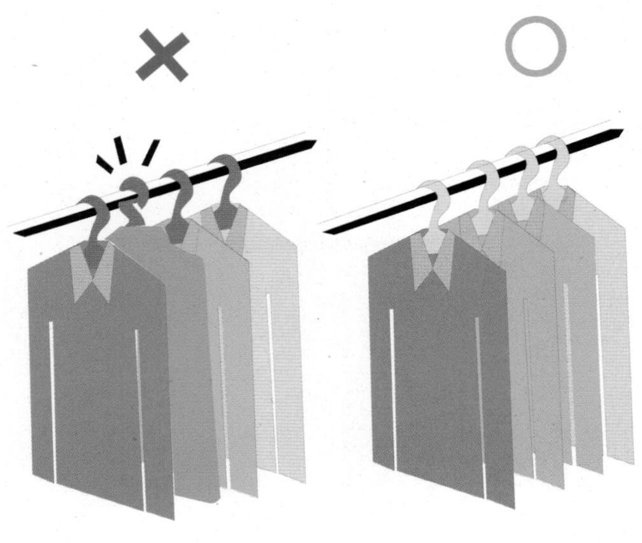

图 6-4 斜挂架陈列

三、多层展桌陈列

多层展桌的陈列，可以在正面观察到展桌上的商品面貌和数量。如果是按号型按数量按组群的商品陈列，考虑到销售人员和顾客拿取商品方便的原则，适宜将商品罗列的高度在3件到5件之内。如果是低矮的展桌，还可以在桌面上陈列半身人形模特模型演示陈列（图6-5）。

图 6-5 多层展桌陈列

四、挂架组合的陈列

单挂架和斜挂架可组合在一起进行商品陈列，根据商品数量可以设置单挂架和斜挂架的组合陈列。在一些平价商店，卖场中岛处利用挂架组合的陈列最为常见。挂架也可以和人形模特模型组合，制作VP视觉空间焦点陈列。还可以将人形模特模型安排在单挂架前方，配以相关演示道具一起演示（图6-6）。

图 6-6　挂架与人形模特模型组合的陈列

五、卖场内挂架的基本组合

（1）卖场入口处挂架陈列组合（图6-7），卖场柱面VP空间和IP空间挂架组合陈列（图6-8）。

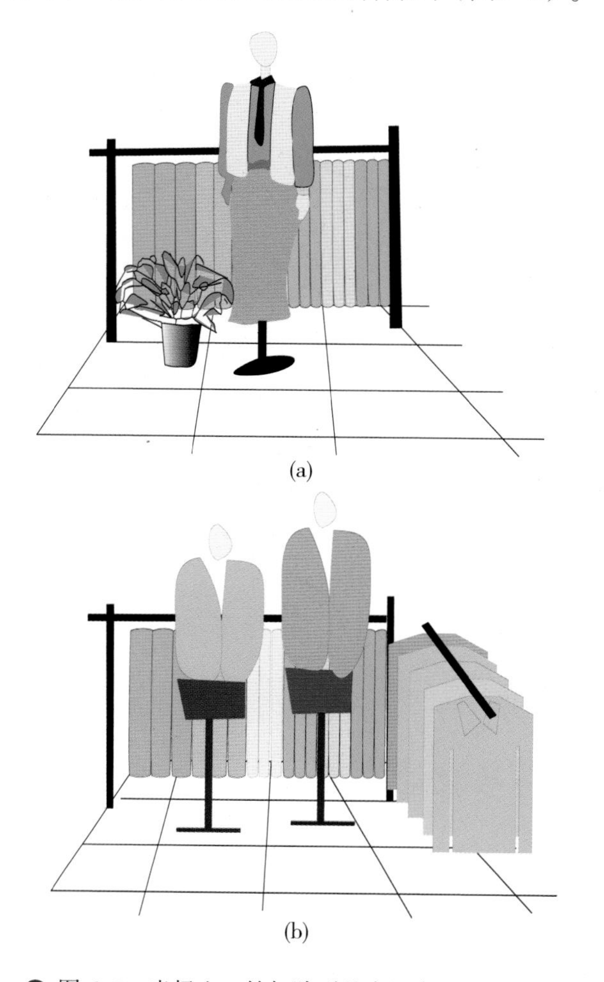

图 6-7　卖场入口挂架陈列基本组合

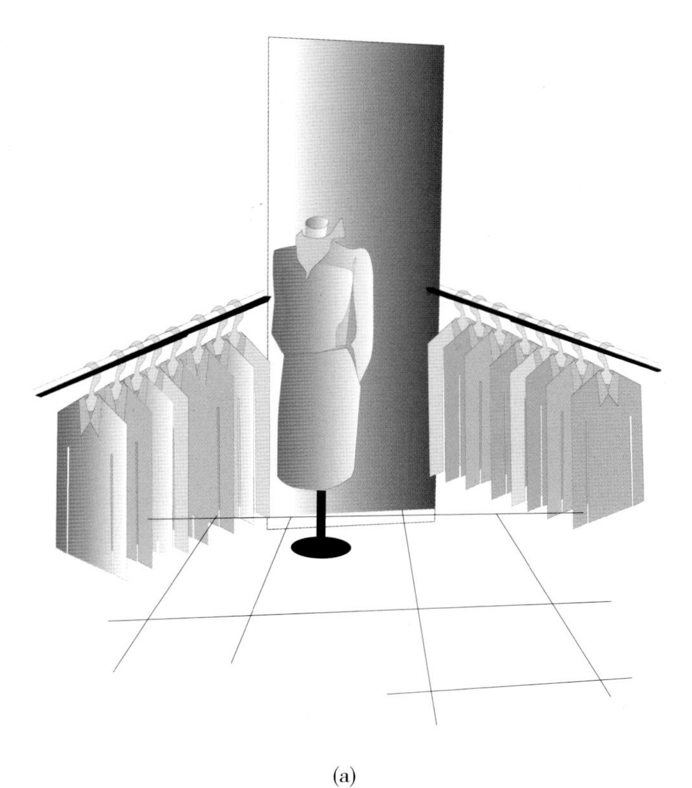

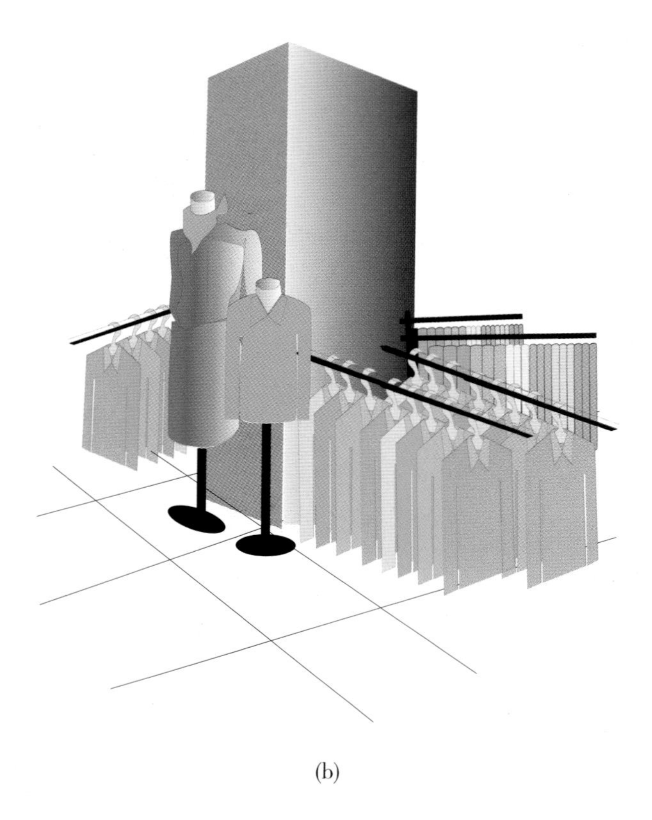

图 6-8　卖场柱面 VP 空间和 IP 空间挂架组合陈列

（2）卖场角落VP空间和IP空间挂架组合陈列（图6-9）。

（3）有背景板和演示台的VP空间和IP空间挂架组合陈列（图6-10）。

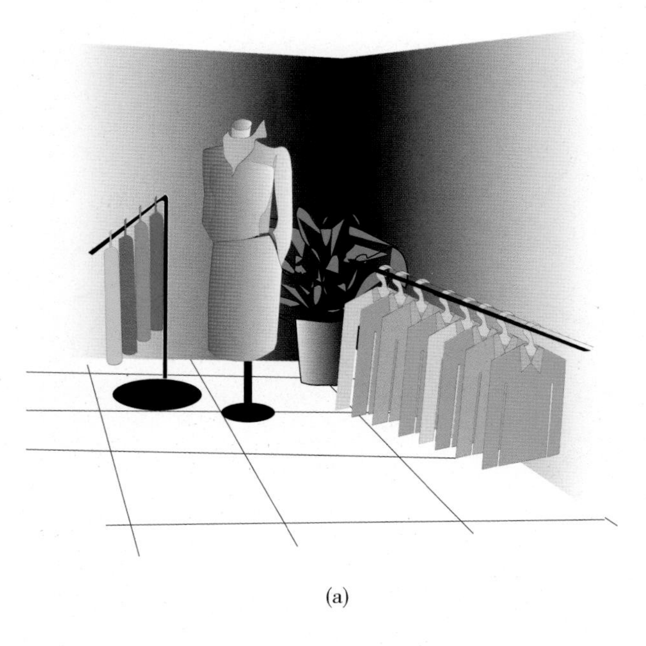

(a)

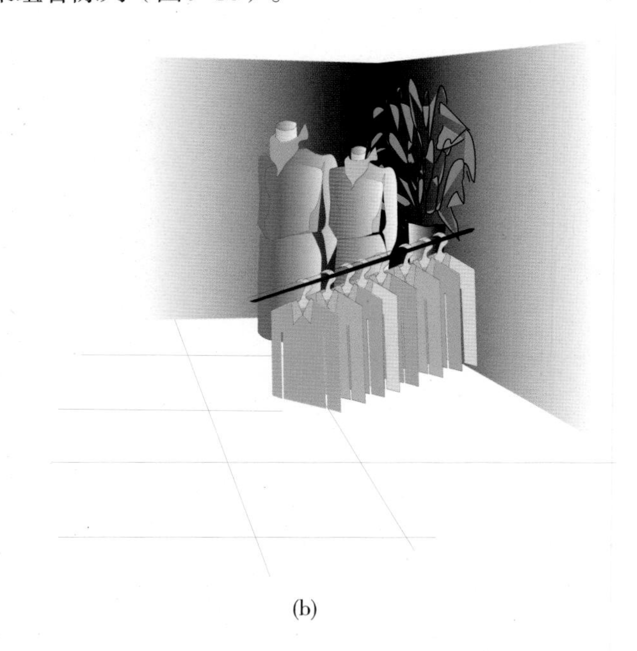

(b)

图 6-9 卖场角落 VP 空间和 IP 空间挂架组合陈列

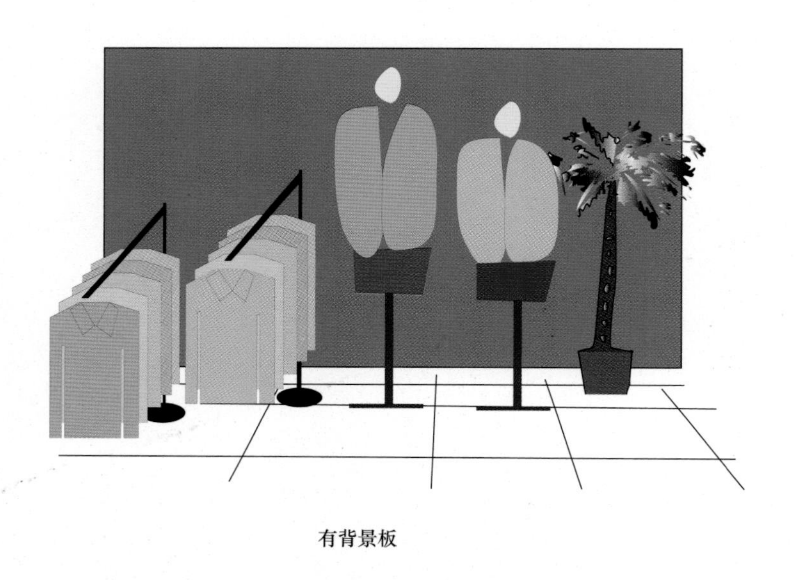

有背景板

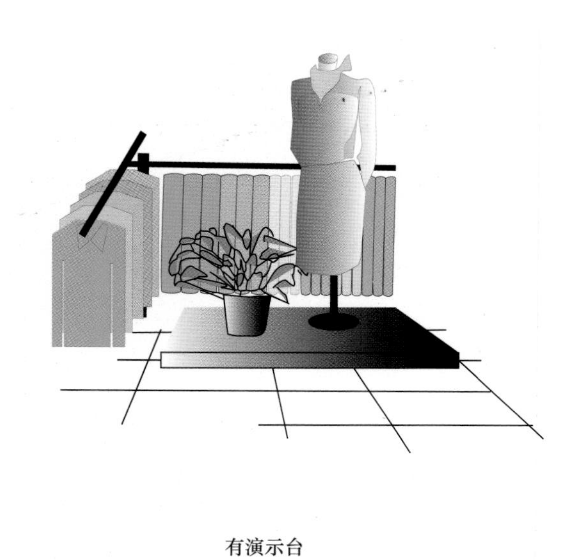

有演示台

图 6-10 有背景板和演示台的 VP 空间与 IP 空间挂架组合陈列

第四节 演示道具的分类与设计原则

在服装主题陈列中，往往要借助一些演示道具的配合来完成商品的诉求,达到传递有效信息的目的。道具，无疑是促进商品销售的一种手段。服装卖场演示陈列中可以是一件道具也可以是一堆道具，道具和商品之间要形成良性互动。道具用来提升卖场视觉陈列效果，与电影布景和戏剧舞台上的道具起到的作用一样。陈列演示道具是卖场进行装潢装饰后，根据商品的概念、季节性、销售卖点而进行的主题式创意设计。具有展示时间短、使用频率快，成本投入次数多的特点。

在一些卖场的演示空间中，由于没有视觉营销陈列设计师的前期规划，人形模特模型的脚下摆满了和商品无关联的道具，如植物、样本画册、小装饰品、旧家具等堆砌在那里，使顾客对商品产生莫名其妙的感觉。由于道具运用不当，顾客甚至会通过道具对商品产生厌恶感和距离感，这样的道具不仅对商品形象无益，对商品内在信息的传递也不利，因为道具是演示的重要工具，演示的不合适或者不能恰当地传递有效信息，就无法实现所期望的主题效果。演示道具的设计和品牌定位、商品主题有着重要的关系，并且道具的造型、材质、色彩格调要符合品牌服装的风格和商品的特性。此外，道具的设计和材料选用还与销售方式、商品特征及陈列方式有关。

在演示道具的分类和设计中，要充分认识各种材料、材质的最终展出效果。不同材料具有不同的属性，要根据品牌定位准确地选择适合的材料，并不是材料越贵重越好，而是要符合品牌与演示服装的风格特点，能强化品牌与卖场的个性，引发顾客的相关联想。演示道具的分类可分为可重复使用类和不可重复使用类。

一、可重复使用的演示道具

1. 品牌识别性道具

这类道具既有品牌的LOGO文字或者图形，又带有一定功能性作用。具有可复制、可移动、可重复使用等特点。当然，要想将这类道具使用长久，那就要在材料选择和工艺制作上相对投入大些，如图6-11所示，橱窗上方品牌名和橱窗内的道具，制作得考究漂亮，不仅和品牌的定位相符，也增加了顾客对该品牌的认知度。该道具使用的材质是镜面不锈钢板，以字母造型设计并镶嵌装饰物制作而成。

(a)

(b)

图 6-11

如图6-12、图6-13所示，在卖场和橱窗中，精心陈列着品牌的文字图形道具，其目的不言而喻。图6-12中，摆在人形模特模型脚下的LOGO道具是白色亚克力雕刻制作的立体字造型。图6-13中，摆在人形模特模型前面的LOGO道具则是用更醒目的白钢制作的文字造型灯箱。

图 6-12　白色亚克力雕刻制作的演示道具

2. 商品功能性道具

在服装道具中，除了人形模特模型、标准陈列用具外，有很多是各品牌独立开发出来的带有一定功能的道具，这样的陈列道具是可以重复使用的，在设计之初，也考虑了一定的形式美在内。图6-14

图 6-14　不锈钢材质的演示道具

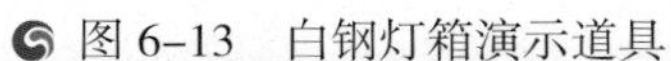

图 6-13　白钢灯箱演示道具

所示为特殊定制的演示道具，如同竖琴般错落有致地将商品艺术地展现出来，同时具有很好的陈列功能。图6–14和图6–15中商品演示道具的材质均为不锈钢。

图 6–15　不锈钢材质的演示道具

图 6–16　配饰演示道具材料为透明亚克力

图 6–17　配饰演示道具材料为透明亚克力

图6–16 ~ 图6–18是服饰类商品的演示道具，充分结合了商品的特征和需求而设计制作出来的。商品演示道具的材质均为透明亚克力。

二、不可重复使用的演示道具

1. 季节性道具

春夏秋冬四季的到来也往往伴随着一些节日的来临，季节性道具是伴随着每一个季节而出现的示意性陈列道具，是阶段性使用的道具，季节性道具能很好地和商品一起传达季节信息并起到带动整个

图 6-18 橱窗内演示道具材料为透明亚克力

图 6-19

卖场氛围的作用。但季节性道具有不可重复性，最多不超过3个月的使用期就要更换掉。所以，在成本投入中，要详细核算好每月每店的成本分摊。图6-19中的道具显示了季节性，并预示着圣诞节的到来。尽管没有常见的圣诞树，但精致的道具设计，以艺术品质般的精工细作展示传递着那位男模特的优雅性情和不俗的品位。

图6-20所示为夏天的季节性橱窗演示。被艺术造型化的棕榈树底下，少年们在悠闲地度过夏日快乐时光。图6-21所示为秋天的季节性橱窗演示，能让观者感受到雾都伦敦的秋日街头映象，伞作为英国人日常生活用具，出现在该品牌陈列中作为演示道具被发挥到了极致，可以说巧妙的演示道具在传达着季节的景象，也映衬着人们生活方式的片段。

2. 商品主题性道具

商品主题性道具，就是根据要陈列的主打商品而单独为其设计制作的道具，随着商品上市而出，商品退市而撤，是短时间内使用的道具，投入成本的频率较高，对于商品的视觉效果传播深入到位，也能彰显品牌的力度。图 6-22 所示为精美的男装服饰的演示陈列，衬衫和领带明显是属于相反色相同一色调的主打商品，为了将这两种商品特定推广，在演示道具上选用了粉色花卉和绿色瓶子，与商品

图 6-20

图 6-21

图 6-22

色彩呼应，通过色彩的调和，使商品焕发出夺目的美感。

图 6-23 所示，为女装秋冬季节橱窗的演示，很显然橱窗中的演示道具是那张精美的灰色高背沙发。灰色也是橱窗中的主题商品的色调。欧式高背沙发上的优雅女士、轻倚的靠枕和看似不经意搭在扶手上的针织毛毯，其实都是为了女士身上那件羊毛编花的毛衫而存在着。主题性演示道具必须能紧密围绕主题商品陈列才能有效传递商品的故事和信息。

图6-24所示，为服饰类皮具手袋的卖场VP空间陈列，在陈列展桌上的三件道具起到了功能性展示台、展示架的作用。巧妙传达了主打商品的主

图 6-23

图 6-24

题——以航海远行为设计灵感的系列产品，缆绳、舵的演示道具给人以无限联想。贯穿了明快的红、白与黑色，和商品的色彩相得益彰，巧妙地衬托了商品的主题。

图6-25所示的橱窗中，没有大制作，也不用采购道具，只是将服装设计师最原始的效果图，巧妙变身为橱窗背景，立体裁剪设计时的坯布造型和打板纸样陈列在主题商品的身后，默默地告诉观者，这件漂亮的成衣是经过了许多设计环节的心血得来的，绝对的原创，体现了视觉演示的创意构思和商品独有的魅力。

以上的分类对演示道具的使用思路有了进一步清晰的认知。大手笔的成本投入不见得就非得是大品牌，而小成本投入也并非只是小品牌为之，问题的关键，在于妙用的“妙”字，就是用道具陈列出意料之外、情理之中的主题场景，使观者赏心悦目且看得明白、看得痴迷、看了又看，升腾起强烈的购买欲望！至于道具的设计制作和成本投入，要视其自身营销策略而定。

图 6–25

三、演示道具的设计原则

演示道具可以采购现成品，也可以定制加工。为了和竞争品牌有差异性区别，绝大多数品牌根据自己的产品风格与定位，相应地开发各种主题道具的设计与制作。对于一些废弃的材料或库存的物品，通过创意构思也可能成为演示道具，这样既经济又具有独特鲜明的视觉效果，关键在于创意点是否与服装品牌的精神融合。演示道具不仅是服装陈列中承载的实体，其色彩、材料、形态往往是构成演示格调的重要因素。针对具有演示功用的陈列道具，设计时要注意以下原则。

1. 外观设计上要符合美观原则

要充分考虑商品的造型、色彩和特征后进行设计创作，使道具的形态、材料、色彩风格符合品牌服装的定位风格和品位，符合品牌既定的目标消费者的审美观。例如为少女内衣品牌进行相关主题道具设计时，就必须要从少女的审美观为出发点，找出和她们年龄定位相关的事物，充分认知她们的兴趣喜好来进行设计展示。例如韩国某内衣品牌，就是以年轻女孩为目标消费者，道具设计充满着少女们花季浪漫的思绪，从而使商品更充满了魅力和可信度。展示商品魅力和特征的效果远远胜于单纯的商品视觉表现。图6-26所示，为卖场一角的橱窗VP演示空间，人形模特模型脚下所有装饰美感的道具起到了绿叶的作用，设计者将属于少女情怀的相关物品如化妆刷、粉扑、蝴蝶结等按照主题商品风格设计，不是简单的堆砌，而是把内衣商品的主要特征（粉红色）和魅力（浪漫可爱）演示给了顾客。

2. 外观和结构设计要具备安全性原则

陈列道具的外观和结构必须要具备安全性，不仅对于自身，也要使顾客有安全的考虑。无论道具是出现在卖场敞开的环境中还是处于封闭的橱窗内，都要进行安全性测试。出于物流的考虑，道具设计还要有利于运输安装，其造型的设计，要考虑组合和拆分的多元因素，结构要坚固可靠。材料的

图 6-26

图 6-27

选择上，虽然可以根据品牌定位选择金属、玻璃或者石材等，但是最能让消费者放心的还是具有阻燃性的木材和纸质材料为好。如图6-27所示，韩国某时尚购物中心的服装卖场，可以看到亲子装的商品。虽然不是有名的品牌，但是卖场陈列道具的选择和摆放，确实迎合了主打亲子商品的概念。图片所示的卖场内仅仅一两平方米的卖场入口角落里，放置了小童马车和小靠垫、小玩具等，巧妙地通过道具陈列将所售服装的信息进行传递，同时也增加了自身的亲和力，拉近了和顾客的距离。

3. 道具成本要考虑经济实用的原则

陈列道具要考虑经济实用的原则，选用材料的材质要适当，注重控制成本预算。设计之初要考虑道具重复使用的可能性，尽量避免设计一次性使用的道具。作为服装陈列师，尽管不一定要懂得成本资金运作，但是必须要尽可能考虑成本的投入与销售利润之间的关系。在注重成本的前提下，还要设计出既能满足商品需求，又能衬托出品牌内涵价值的陈列道具，并尊重消费者的欣赏需求，进行美观设计，而且设计中还要具有个性化的创意感，这一切都是一名职业服装陈列设计师要做到的。

第五节　演示道具的设计成本和设计表达

初次涉及陈列工作领域的设计者在道具的设计与制作上似乎问题不大，在成本投入上会显得更力不从心，如何考虑预算与利润之间的关系等问题需要设计者在实践中学习、总结。虽然人们都会被精美的“画面”所吸引，但并不是大投资、大制作才能换来精彩视觉效果的橱窗或VP演示空间，关键在于设计者活跃的想象力和创意思想。在设计之初，就应该建立成本意识，将其贯穿到设计当中。作为一名视觉营销工作者，可以参考以下方法，最大限度地降低成本投入。

一、道具的二次设计和翻新

陈列设计人员可以建设一个道具库，以便能经常重复使用或整合使用。尽可能地把道具用到极致，尤其是成本较高的道具。但是也不能反复使用，毕竟顾客希望看到的是新形象，这就需要设计师进行二次设计和翻新设计处理。切记，要留存些小体积、小面积的道具，因为其组合陈列时比较灵活，重新刷漆装饰后可以和别的道具交替使用组合成新的形态，这样能节约成本还具有新意。

二、使用生活日用闲置物品

在橱窗中大规模使用道具是一个很吸引人的方法，类似装置艺术，采用现成品的艺术形式。例如在阶梯展台上放置上百个青苹果，来衬托春季新商品的季节信息，加之灯光的渲染，不仅艺术感浓厚，还能夺人眼球传递信息。陈列设计人员可以搜集一些既便宜又容易找到的现成品，比如纸质的包装盒、空香水瓶、做家具时裁切下来的废弃小木块、干枯的盆景花卉等。这些道具使用起来既效果突出又艺术感十足，将审美的重点由商品转移到道具上，前提是要和商品定位之间建立准确的联想关系。如对带有金属摇滚休闲风格定位的服装，放置香水瓶和干枯的盆景花卉似乎不太贴切，放置银色、金色的空啤酒易拉罐倒是非常适宜，通过易拉罐空瘪自由的形态，以及金属材料的映射，烘托出服装的风格语言，并能够吸引潜在的消费者。

三、掌握道具量与商品的配比关系

道具的运用既不能太抢眼又要能衬托商品，通常60%的道具量和40%的商品量配搭最为适宜。为什么按如此比例呢？因为只有足够体量的道具在衬托商品、创造氛围上，才能给人以深刻的印象。如果商品量的比例增大，就会影响到整个视觉效果的艺术性。对于只做特价促销商品的话，那么道具的使用就可以忽略了，因为人们关注的毕竟是减价的信息。现成品道具的作用不仅使演示更完美，也可以让陈列设计人员工作轻松。如何用道具？如何掌握道具量与商品的配比关系？是陈列设计人员必须认真考虑的事情，毕竟道具是作为消耗品成本投入。

四、演示道具的设计表达

经过对市场调查研究，在注意了如上的要求后开始对演示道具进行设计工作，首先要把设计意图转化为视觉形态，再将视觉形态向空间形态转换。设计演示道具离不开品牌本身的特定设计元素，可以直接吸取，也可间接采纳。比如Chanel的经典2.55手袋、山茶花、黑白珍珠等，不仅是在服装服饰商品中体现，还多次出现在橱窗演示情景中，以夸张的演示道具身份出现（图6–28）。

图 6–28　Chanel 橱窗演示

演示道具的设计表达，不能只停留在平面效果图层面上，因为平面图表达与立体空间表达之间存在着一定的差距。要将图纸平面的表达方案转化为立体空间造型，可将道具按1:5或者1:10的比例制作成模型，实际观察最终的空间效果。如果能用设计软件（如CAD等）将道具模型按规格尺寸画出来，和整体的空间尺寸放在一起调整，有助于从整体到局部的设计把控。效果图制作表达的过程对于道具设计来说，更多的是要考虑设计意图如何准确表达。设计只是整个表达环节中的一部分，是整体中的一个动态的环节，设计是否成熟，关系到后期实物制作的准确实现。

以下是笔者为某男装品牌的春装上市，画的静态展示陈列设计方案效果图（图6–29），尺寸图（图6–30），完成的实景图（图6–31）。其中演示道具的设计契合了该品牌的主题季节要求，从设计图纸到最终成品，把品牌商品传递的信息准确有效地演示了出来。

五、设计方案

设计任务：商场静态展。

地点：大连迈凯乐总店四楼。

面积：2.4m × 3.6m。

展期：×月×日 ~ ×月×日（×月×日晚布展）。

要求：形象板高度不超过1.8m；人形模特模型为五人组；一组正装，一组商务休闲装。

图 6–29　设计效果图

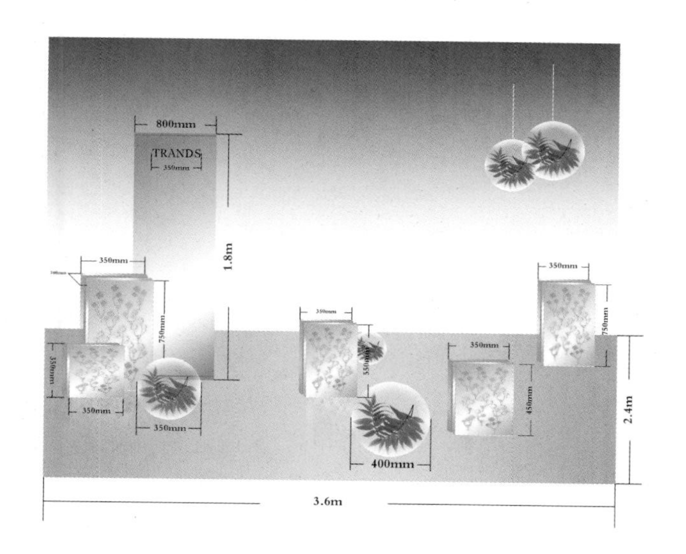

图 6–30　道具效果图的尺寸图

图 6–31　陈列实景图

第六节 演示道具的材料种类和制作方法

道具的材料选择要因设计方案而定，也要结合成本预算。在材料选择上，要根据道具的材质特性和制作工艺来选择。市场上装饰材料种类繁多，按材质分类有塑料、金属、陶瓷、玻璃、木材、石材、玻璃钢等，按功能分类有吸声、隔热、防水、防潮、防火、防霉、耐酸碱、耐污染等。下面结合一些陈列案例，介绍一下在陈列设计当中，如何选择演示道具的材料并加以应用。

一、演示道具的材料使用

1. **使用板材材料**（图6-32、图6-33）

2. **使用亚克力、有机板材**（图6-34、图6-35）

3. **使用金属铁艺类材料**（图6-36、图6-37）

图 6-32 VP 空间中穿黑色上衣的人形模特模型后面的 LOGO 背景板道具为木制材料，和地台相呼应，简约大方，衬托着该品牌成熟女性干练的气质

图 6-33 卖场内放置包袋、鞋等商品的演示道具（功能性道具）为木制材料。配合商品风格和色彩，有一定的创意趣味性

图 6-34 放置包袋陈列用道具为透明的亚克力材料，透明的质感显示出商品的华美和低调

图 6-35　演示地台主材料为透光亚克力材料，黄绿色和白色拼接，清爽明快，衬托出演示商品的鲜艳色彩

图 6-36　悬挂牛仔裤的用具是带有陈列功能的演示道具，材质为金属铁艺，和商品的休闲、粗犷风格相符

图 6-37　带有 LOGO 字样的演示道具，材质为白色烤漆的金属铁艺，衬托出商品的时尚、潮流感

4. 使用纸类材料（图6-38、图6-39）

图 6-38　卖场内人形模特模型头的后面垂挂的演示道具为纸质材料，表现了春意盎然的主题

图 6-39 精品百货商店门口用很多纸杯摆成大面积的装饰墙面图案，艺术装置演示提醒着观者这里有独特的艺术氛围

图 6-41 橱窗内的背景为垂饰道具，选用了普通的纺织面料，将布条打结以窗帘式的形态装饰橱窗，暗含了主打商品的平民休闲风格

5．使用纺织、皮革类材料（图6-40、图6-41）

图 6-40 用高端皮草作为道具来衬托商品的情况极为少见，因为成本实在太高了，但是，也看衬托的是什么样的商品。图中商品为鳄鱼皮皮鞋和手袋，铺衬在展示台上的是貂皮和青紫蓝，以极为名贵的皮草来彰显其商品的奢侈品属性

6. 使用复合类材料（图6-42、图6-43）

图 6-42　顾客在很远就能被橱窗鲜艳夺目的红唇所吸引，红唇道具为玻璃钢材料，契合了卖场的整体色调，突显出性感时尚的品牌风格

图 6-43　2011 年的兔年属相也被很多品牌商家用在新年橱窗和卖场的装饰中。兔子道具为玻璃钢材料

二、演示道具制作方法

1. 手工制作

手工制作的道具可能成本较高，但也会形成经典的艺术品。如果陈列设计师要制作专门的道具，则要找专门道具制作人员或是自己动手制作。大部分制作工人对艺术造型和设计特点理解不了，在制作过程中会削弱设计特点，因此，作为陈列设计师最好要全程跟进，把握制作的每一个环节，在道具制作人员完成前，要仔细核对图纸，检查尺寸、色彩、工艺要求等。很多陈列设计人员起初不懂得制作工艺，在多次制作积累了一些经验的基础上，才能准确高效率地、省工省时地将道具制作好，并能保证在预算内完成。

2. 电脑雕刻

雕刻机的出现给广告装饰行业带来了新的创意和商机，它正像几年前的电脑刻字机一样逐渐被人们所接受。电脑雕刻有激光雕刻和机械雕刻两类，电脑激光雕刻已在这个行业逐渐流行。以下为各种雕刻机的应用范围。

（1）胸牌：小功率激光雕刻机（刻章机）。

（2）建筑模型：大、小功率激光雕刻机。

（3）金属（模具、章等）加工：大、小功率机械雕刻机。

（4）水晶字制作：大功率激光雕刻机（50W以上），大功率机械雕刻机。

（5）木材、有机玻璃、人造石等标牌制作：大功率机械雕刻机。

（6）展览模型制作：大功率机械雕刻机。

小结

本章重点为服装服饰卖场的陈列用具的种类和演示道具的分类，本章通过大量的图片介绍了陈列用具和演示道具在卖场陈列中的不同作用和功能。作为一个服装服饰品牌卖场，陈列用具和演示道具是缺一不可的。在现代社会中，随着经济水平的提高与生活方式的多样化，消费时尚已经成为主流，“眼球经济”也成了零售业的重要环节。所以，熟悉认知各类商店卖场内的各种各样陈列用具和各种主题环境下的演示道具，是准陈列设计师们必备的功课。

思考题

1．陈列用具是否要具备功能性和美观性？
2．服装服饰卖场中的陈列用具常用的有哪些？
3．演示道具在设计上如何进行分类？
4．演示道具制作常用的材质有哪些？

案例研究

笔者曾为某男装品牌进行特定主题方案的陈列规划与设计。该品牌推出了一款高端单值、限量版生产的高级西装，随着商品的企划实施，陈列的规划也要同步进行。该特定商品的核心特点是：面料是用来自澳洲著名的美丽奴羊毛纺的纱线，在英国著名工厂再添加含有24K金丝，独家织成的面料；所有纽扣均为18K包金纽扣。该品牌是为高端人群小众消费者的特殊需要限量制作的商品。由于数量有限，只在一线城市的卖场中独立陈列演示。这套价格不菲的男装，需要量身打造陈列用具和演示道具。在深入探讨和做了大量细致的调研工作后，根据这些特点，笔者制订了以下的定位分析。

（1）谁会购买至尊金丝套装？会员？散客？其他？

（2）谁将穿上至尊金丝套装？商界人士？政界要人？其他？

（3）哪个场合穿至尊金丝套装？商务？宴会？其他？

（4）在内心世界和外在形象上，穿至尊金丝套装和其他正装有何不同之处？

以上的头脑风暴文字碰撞，产生了以下的设计关键词：

弥珍经典、至尊荣尚、非凡价值、精品巨献，引领着装的上品境界，低调奢华的穿衣哲学，宁静致远的生活态度，天地之美集于一身的独有感受。

根据以上分析，确定了陈列道具的设计思路——模特+道具+展台+形象概念板，即：

（1）设计独立可拆分的陈列演示台；

（2）背景板为带有金丝肌理的壁纸，突显金色质感的视觉效果；

（3）金色油画质感的影像图片，传递独有的生活态度和经典的商品信息；

（4）欧式陈列桌造型优美，符合该男装品牌所定位的意式风格与格调。

最终设计如图6-44～图6-47所示。

图 6-44　效果图

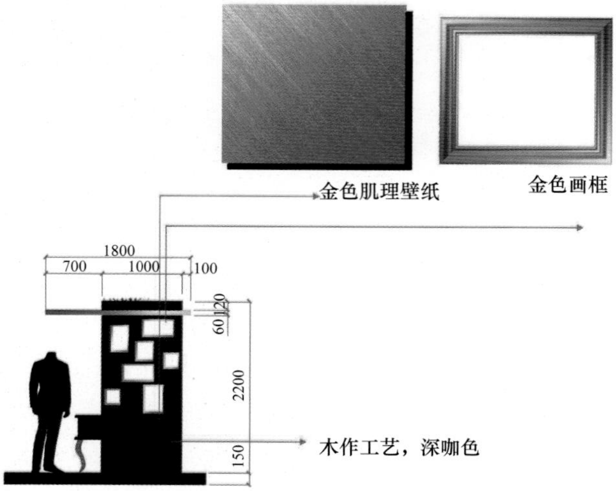

图 6-45　细节效果图

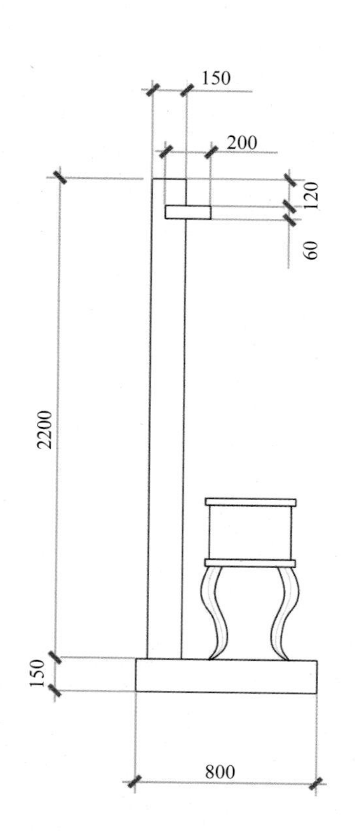

图 6-46　道具尺寸图

图 6-47　最终橱窗演示实景图

▶ 问题讨论

1. 根据以上案例分析，该演示道具结合了商品的哪些特点进行设计和材料的选用？

2. 实景图片中的欧式展示桌，由于特殊原因并没有和效果图一致，请讨论会是哪些原因呢？实景的效果和效果图有差距吗？哪个更好，为什么？

▶ 练习题

根据案例分析中的商品特点，请3～4人组建一个设计团队，再设计一个陈列规划设计方案，并将设计思想、设计文字和草图（效果图）以PPT文件制作，并于下次课发表。

FALKE

第七章 橱窗的演示主题与展示设计

【本章学习要点】

通过学习本章，能够了解：

（1）橱窗陈列的主题类型以及对品牌成功运行的重要意义；

（2）橱窗陈列的效果传达如何吸引消费者；

（3）橱窗陈列规划要达到的要求；

（4）零售业中使用的橱窗种类；

（5）根据品牌定位掌握橱窗设计的四种形式；

（6）橱窗表达与展位设计思路。

在实务案例中，了解展位外部与内部的规划与创意构思，通过成功案例感受品牌运作中橱窗与展位作为视觉营销的重要性。

现代社会商品的极大丰富为满足人们的消费欲望提供了便利，多样化的商品以及由此发展起来的商业文化和商业文明也从另一方面给人以愉悦和启示。橱窗是城市商业语言的载体，使人们驻足观赏，也让人们移步购物。充满感召力的橱窗设计可以发挥每一位观者的联想力，从而将心底潜在的购物欲望和热情释放出来。

第一节 橱窗陈列的类型

一、季节演示陈列

商品陈列的演示，季节性陈列是一项不可缺的主题。由于季节自然推移，应季商品的季节性开始显现。在橱窗中常见的季节主题多为“春装上市”“秋装新品”等直接反映出季节来临的演示陈列。厚还是薄，长袖还是短袖，春色还是秋色，这些商品一经陈列，给消费者传递的首先就是季节性的内涵。季节性商品必须在季节到来之前一两个月预先陈列出来向消费者展示，引导或刺激换季消费者消费。由此可知，季节性依存于商品，并通过商品陈列反映出来。如图7-1所示，强调了盛夏中的商品，采用创意装饰的银色棕榈叶为背景道具，配合夏季时装，橱窗的演示陈列为炎热的夏季带来一丝清凉。图7-2所示为夏季童装品牌的橱窗，季节性主题明显，用广告展板做背景，配有文字说明，将该季的一系列商品丰富地展示给顾客。

强调季节主题，是针对顾客所需的商品，提出具有创新性的建议。店面形成生动活泼的终端销售场地，不断更新和巩固店面形象的流行观感，并且商家能从顾客的反应中搜集丰富的潮流趋向资料。无论春、夏、秋、冬，都要及时地表现出商品在季节生活中的最优状态。如图7-3所示，强调了秋季丛林运动休闲主题，橱窗内道具色彩与服装商品色调统一，丛林探险的演示背景和运动休闲的着装，不仅打造了一个季节场景，更强调了本季的潮流与时尚。图7-4，虽然橱窗陈列的时间是在7月末，但整体的季节表达应是秋季。提前了两个月陈列秋季新

图 7-1

图 7-2

图 7-3

图 7-4

款，属于典型的季节性橱窗陈列设计。

二、节日演示陈列

节日橱窗陈列强调的主题是节日的氛围，一年365天，节日是调和生活的甜味剂，要想把橱窗的节日感和商品销售很好地融合，首先就要了解节日的内涵。无论是展示国外品牌还是本土品牌，都要和当地节日很好融合。

节日的诉求和人们的消费需求，要通过情景演示陈列表现出来。根据品牌的定位和风格，选定适合节日的演示陈列。例如，对男装而言，父亲节、情人节等应是橱窗陈列的重点；对于童装品牌而言，儿童节自然是最隆重登场的橱窗设计主题；妇女节、母亲节都是可以作为节日主题出现在女装橱窗陈列方案中。演示主题方案的灵感来源，可以从这些节日代表的内涵中去发掘。既要明确地体现出节日的季节特征，也要考虑到特定节日的氛围和消费者的生活方式。如图7-5中所示，是以父亲节为主题的橱窗陈列，以孩子的视角诉说着“他心目中的英雄是父亲”，这个父亲形象根据观者的年龄而涉及不同的消费者层面。图7-6中是以中国春节为主题的橱窗陈列，橱窗玻璃上贴着“恭喜发财”的图形和文字，背景是金属材料制作的男装立裁道具与红色的地台相呼应，令人强烈地感受到节日的气氛。

图7-5

图7-6

三、自拟主题演示陈列

很多服装品牌结合商品企划，会自拟相关主题进行橱窗演示陈列。结合陈列的服装商品，在自拟主题的设计构思中，需要协调统一的将主题内容传递给每一位消费者，使其清楚明白商品的特点。尽管可以作为主题的表达内容并不缺乏，但是必须要体现出服装商品的定位和风格。根据服装服饰商品的特点，最常用的主题有自然、社会、人文生活方式等，因为服装服饰本质就是人与自然和社会沟通的媒介。社会的变迁强有力地影响着人们的观念和意识，反映社会主题的橱窗设计也是时尚潮流的主导力量。

当今的流行现象大多与社会观念和人们的生活感悟、生活体验有关，例如生态环保主题，如图

7-7所示，以生态环保为主题的橱窗中，墙面海报上都是有关环保的内容，道具上也印制了环保标志图案，展示的商品是天然纯棉面料制作，无疑是整个橱窗的主角。例如体育赛事主题，如图7-8所示，笔者在意大利拍摄的某品牌橱窗，以体育赛事为主题，用足球场地作为背景主题出现，绅士型男的演示陈列让人联想到著名的AC米兰队。再例如都市生活主题，如图7-9所示，采用酒吧一角的情景，烘托出休闲娱乐的都市青年人生活的缩影。这些自拟主题都和人们的生活息息相关，设计上很容易使观者产生共鸣，留下深刻印象。

图 7-7

图 7-9

图 7-8

四、折扣促销演示陈列

在商品的全年销售中，为了快速周转库存商品，以打折促销为主题的演示陈列无处不在。这是每一个商家每一个品牌都会遇到的演示陈列主题。对于消费者而言，折扣促销活动都能大大地刺激消费行为，但对于经营者来说，打折促销虽说可以快速回笼资金、减少库存，但从一定程度上也会损伤品牌形象。作为这一特定主题的橱窗演示陈列，既要保持商品的品牌价值感，又要将促销的信息传递出去，甚至还要将艺术形式感放置其中，达到商业与艺术结合并起到情理之中的视觉效果，实属不易。

打折促销主题活动，已成为每年终端销售战中重要的一环。无论是服装品牌橱窗，还是代表零售业（百货公司、购物中心）的橱窗展示，既要引起消费者注意，还要体现出品牌或零售业的特色。如图7-10所示，把打折促销的主题融入在整个商品色调氛围里，以道具形式出现，丝毫不损伤品牌的形象。图7-11中陈列设计师更是以卡通剪影设计形式表现出打折促销主题，创意新颖，用色大胆，红色提醒并刺激着人们的消费欲望，该橱窗主题强烈，视觉醒目。

图 7-10

图 7-11

五、无主题演示陈列

无主题演示陈列主要针对单一品类商品为主的橱窗展示，如衬衫、鞋、包、帽子等商品。单一品类橱窗演示空间要能够有效地将众多相似商品组织起来，基本方法就是通过点、线、面的恰当设计和布局。在不强调任何主题特征的前提下，商品特点、色彩、尺寸是陈列的重点，体现出商品的形式感、美感。作为烘托商品的特色、艺术氛围的演示道具，背景展板也要精心地进行设计与配置。

如图7-12 所示，这是衬衫和领带的橱窗陈列，没有具体的主题内容，只是使用重复的人形模特模型身穿各色衬衫，与背景展板的衬衫风车图案内容相呼应，起到了视觉丰富、趣味观赏的作用。图7-13 所示，为帽子的橱窗陈列，将帽盒作为衬托背景道具，通过对称和垂直陈列的方法，摆放中有细微变化。人物广告画面上的灯光和橱窗内投射在中心帽子上的光线，让单一的商品展现出魅力的光彩。图7-14所示，为手袋的橱窗陈列，大小不一的包袋和背景画面形成点线面之间的构图关系，夸张的图案背景道具强调出商品的花纹特征，巧妙地融合在橱窗演示陈列中。

图 7-12

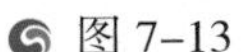 图 7-13

图 7-14

第二节　橱窗陈列的作用

零售店为了使自己的商品能够很快的销售出去，除了经营定位要准确，视觉展示也是必不可少的，因为它能清楚明晰地向消费者演示商品信息，同时给消费者精神层面的满足，这就是橱窗陈列的作用。要想达到橱窗陈列的作用，就需要通过橱窗视觉展示传递出品牌经营策略、品位格调、艺术氛围和独有的风格形象。当然，消费者的满足感不能只是来自商品，也要来自于购物环境、人性管理、人文设施以及服务水准等。

一、橱窗陈列中的三个构成要素

社会经济的繁荣导致市场的细分，也使消费者的需求越来越多样化。现代各行各业的销售形态，已不是按单纯的行业目的来划分，人们也不是按照行业商品类别到百货商场、购物中心等选择购买，而是按照生活方式的不同，寻找满足精神需求的消费娱乐场所。对于各种零售业态的橱窗陈列，要想达到能满足消费者精神需求的效果， 需具备以下三个构成要素：

（1）橱窗内的视觉展示必须是以演示陈列为主导的陈列内容；

（2）橱窗内的视觉展示要吸引并能让消费者的脚步停留，达到与观者视觉信息交流的效果；

（3）橱窗内的视觉展示要传递出喜悦、幸福、温情、激动、赞美等能够直接诉诸人的生理感受性。

要想达到橱窗陈列的作用，除了具有创意性的设计表达，也越来越需要新的展现技术，如多媒体技术的植入等。橱窗展示核心，应该是能把商品的视觉形态升华为情感，直达顾客心灵深处。

图 7-15

二、平面广告设计在橱窗陈列中的作用

纵观各式各样大大小小的橱窗，为了更强化地表现主题和品牌形象，除了商品和形形色色的陈列道具、什器外，平面广告设计也是橱窗陈列的重要的内容之一。平面广告设计是以强化品牌识别、加强商品信息为目的所做的设计，它是集电脑技术、数字技术和艺术创意于一体的视觉传达内容，表现形式如商品宣传画册、展板、灯箱、POP等。

平面广告设计在橱窗陈列中起到画龙点睛的作用，例如将商品宣传画册巧妙的和陈列道具结合，图7-15中，橱窗内人形模特模型后的背景图片是该品牌本季宣传画册内的每一页，夹放在定做的道具展架上，表现形式非常有新意，商品和平面广告完美地进行了演示陈列，带给消费者完美的商品信息。图7-16所示人形模特模型后的背景图片是该品牌本季宣传画册的形象主图，以大型灯箱表现，弥补了略显呆板单调的人形模特模型的形象，也通过平面广告的设计提升了商品休闲惬意的风格形象，夜幕降临后画面上地图文信息能清晰地传递给远处的消费者。

图 7-16

三、情感体验在橱窗陈列中的作用

橱窗，也是商品传达情感与形象的视觉平台。无论是借助灯光氛围的营造、陈列道具的设计和演示方式，还是通过人形模特模型所展示的主题形象，或是利用广告所传达的信息，都是将一种“情感体验”传递给顾客，使顾客产生一种情绪，由此获得相关商品的体验性认知。这样的心理作用无疑是从情感体验获得的，甚至就是在几秒时间内完成的心理感受。

情感体验在橱窗陈列中的作用，如同人的喜怒哀乐表情一样，传递着丰富的感情表达。例如图7-17中的橱窗，无疑是以夸张的艺术表现手法传递着节日中购物所带来的满足感、喜悦感，形成的圣诞节喜庆的感性体验已经悄然传递给每一位观者

图 7-17

了。感性体验就是通过巧妙构思的视觉演示给橱窗进行“表情”的塑造，把商品和品牌的所有物质和精神方面的属性，运用艺术手段和陈列设计技巧等视觉化的语言，完整地呈现给消费者，给以心理暗示，帮助消费者对商品和品牌产生认同、偏爱和信任，从而引起占有的欲望和购买动机。

第三节　橱窗陈列的规划

在做橱窗陈列规划提案之初，为了有效地表现品牌的形象和主题，要深入到实际的场地，并和周边的橱窗进行比较性，分析橱窗怎样才能具有独特的魅力引人注意？是否在远处也能够清楚地被看到？橱窗的大效果是否具有识别性？橱窗陈列不仅要考虑卖场内外的氛围，更要考虑能否刺激在卖场外部进行购物的顾客，吸引他们进入卖场，例如图7-18中所示，消费者在很远处就能感受到强烈的色彩视觉冲击，黑底白色的LOGO让橱窗具有很强的品牌识别性。

橱窗陈列的规划要有强烈的倾诉力和说服力，如图7-19中商品本身就具有强烈的倾诉力，无需背景广告和繁杂的道具，通过整体橱窗陈列的效果体现出了商品的价值与魅力，从而刺激关注率和购买的动机。在规划提案中，要充分发挥陈列技术，选定优秀的商品“出镜”，才能让直观的商品说服力更强。

一、橱窗陈列规划要具有独创性

为了让途经或有意识购物的消费者走进卖场，就要让橱窗具有独创性的视觉效果。不仅要引导和

图 7-18

图 7-19

刺激顾客的兴趣和欲望，还要将消费者生活状态的情景打造出来。要反复斟酌演示陈列技术是否具有创意性？关联商品是否具有类别和色彩上的协调性？地台、背景和空间的处理是否具有和谐性？这些都直接左右着品牌在顾客心中的形象观感，如图7-20所示，规划了两处橱窗陈列吸引着路人的眼光，刺激着顾客购物热情，引导她们进入地下卖场。所以，做规划前首先考虑的问题是确定演示陈列内容是否具有独创性。

图 7-20

二、橱窗陈列规划要准确表现商品的特点

演示陈列是促进销售的手段，因而比起商品的基础陈列摆放，橱窗的演示陈列是艺术观赏性和商业的充分结合，是表现销售卖点的情景空间。无论怎样进行演示，都要围绕着商品的特点进行设计规划。除此之外，POP广告也要围绕着表现商品特点或是商品主题进行设计和策划。如图7-21所示，这是一个围绕着商品特点的主题橱窗陈列，从灯箱POP内容到和销售卖点相关联的服饰商品陈列，展示出了主打商品的全部特点。

图 7-21

三、橱窗陈列规划要运用创新的陈列技巧

进行商品演示陈列规划前，考虑是否充分了解商品的知识和特点？是否将陈列构成中最重要的三角构成充分发挥？陈列物品是否具有稳定安全感？如何运用创新设计让商品充满魅力的陈列打动消费者？视觉感官上的商品之间的协调性和均衡感是否具备呢？如图7-22所示，陈列构图中使用了典型的三角构成应用，创新地使用高视点的陈列，充满魅力的演示使商品和道具之间具有协调的均衡感。在橱窗陈列规划中运用陈列技术达到创新的演示技巧，是橱窗整体视觉效果重要的一个环节。

图 7-22

四、橱窗陈列规划要选择正确的人形模特模型和演示道具

选择正确的人形模特模型和陈列道具需紧密围绕商品的形象。人形模特模型的动态与表情、陈列道具的形态和色彩、细节的展示物品都要与商品协调好空间关系。人形模特模型的动态表情会直接影响品牌形象，选择用动态幅度大的人形模特模型，还要考虑到所处空间的安全性，尤其是敞开型橱窗，要考虑是否占据了行走通道，是否方便顾客出入。图7-23中行走通道与敞开型橱窗中的人形模特模型和道具之间有充分的距离，可以让两个行人面对面行走，宽度不低于1.5米。

五、橱窗陈列规划要发挥照明的效果

橱窗陈列照明应该考虑：橱窗的演示空间面积和灯光的亮度是否成正比？是否在所演示陈列的商品上发挥了照明的效果？暖光和冷光的运用如何？照明是否对商品起到烘托的氛围？射灯的角度是否投射正确？在橱窗规划中，照明的投射点也在设计范围内，投射点引导着人们的视点注意力。如图7-24所示，橱窗内投射点形成了形态连贯的折线，点与点具有密切的联系，墙壁的服装和左边人形模特模型“出样”（演示）的服装为同一商品；而背景广告上的服装和右边人形模特模型上的服装也相同，巧妙地引导观者，使之加深对商品的记忆。

图 7-23

图 7-24

第四节 橱窗结构种类

尽管店铺设计以及橱窗结构属于建筑设计者的职责，但视觉营销陈列工作者往往参与其中，提出如何更好地规划商品陈列的建议，例如，固定的陈列设施放在什么地方？装饰设计和色彩方案如何体现？如何设计人流动向？以及地面设计、标志和形象灯箱图片等。考察近十年来创建的任何一个零售店铺，会发现人们比以往任何时候都重视店铺装潢的效果，橱窗结构的设计也不例外。

传统的设计布局和旧式的固定陈列设施已不能适应竞争所带来的挑战，零售商更加重视橱窗内的视觉陈列效果，其目的是树立鲜明的品牌店面形象，使消费者感觉到它的独特性。尽管店铺的外延和内部装修装饰不尽相同，但是在橱窗结构上，都是为了实现特殊目的而设计的。橱窗结构可分成三类，分别为封闭型、半封闭型、通透型橱窗。

图 7-25 封闭型橱窗

一、封闭型橱窗

封闭型橱窗传达流行信息的商品陈列，是零售业商家常用的一种结构形态，是由背景墙面、橱窗玻璃、射灯、商品及道具组成完整画面（图7-25）。

二、半封闭型橱窗

半封闭型橱窗由占据一半或三分之一的背景墙面的空间构成，可以隐约地看到橱窗后面店铺内的场景（图7-26）。

图 7-26 半封闭型橱窗

三、通透型橱窗

通透型橱窗是指橱窗空间内没有背景墙面，因此可以和店内卖场相连，使卖场透过橱窗，在外部就清晰可见。这样的橱窗要非常重视店内的视觉营销陈列效果。由于人形模特模型、相关道具和商品的安全因素暴露在卖场环境中，很容易被触摸、被碰到，因此，采用通透型橱窗的店铺必须采取措施确保商品安全和人身安全（图7-27）。

图 7-27 通透型橱窗

图 7-28 ZRAR 男装橱窗里白色的沙发上，电吉他和散落的唱片以及鞋、皮带、墨镜凌乱地放置，营造出故事情景，巧妙地用年轻人喜爱的流行音乐文化主题传达出主打商品的鲜明特色和潮流信息

第五节 橱窗设计风格分类

具有艺术欣赏性和文化品位是橱窗设计的最高境界。不同的品牌店面有着自身不同的卖点，由于其消费定位不同，决定着橱窗内容和形式的不同。人们通过欣赏橱窗，可以得到很多商品信息、流行信息、时尚信息，带动潜意识的消费和对美好生活的向往。可以说，具有文化内涵、赏心悦目的橱窗是这个时代人们生活和文化的镜子，对于橱窗设计风格可以归纳为以下三种类型。

一、文化情景故事型

这类设计风格都是围绕品牌定位和当季主题商品展开的，在橱窗中以文化场景和故事进行情节演示，或以一个局部情景出现，诉说着品牌文化内涵和主题概念，让观者产生观看兴趣，被情节吸引，极大地挑动参与和购买欲望（图7-28）。

MASSIMODUTTI 品牌是西班牙 Inditex 公司旗下著名的品牌之一，特别受到欧洲白领人士的喜爱，橱窗设计偏爱打造情景故事片段，在道具等情景细节中巧妙地将商品信息完美地融为一体（图 7-29）。

二、幽默创意前卫型

橱窗设计中创意前卫理念的使用，会使设计风格显现出神秘时尚的现代艺术氛围。创意来自于灵感的闪现和深思熟虑，也离不开文化积淀和品牌内涵的依托，如果橱窗设计没有技高一筹的构想和别具一格的创意，很难形成强有力的竞争优势。尽管商品的概念已经变得模糊，但橱窗的陈列设计有如当代装置艺术般的精彩，或前卫冷峻、或幽默另类的造型，以及异样氛围会深深吸引着行人的目光（图7-30～图7-32）。

三、商品体量展示型

没有主题概念的强调，也没有太多的道具和广告展板画面，商品自身体积重量的展示构成了这类橱窗的设计风格。这种设计构成方法和几何因素有直接的关系。几何因素基本上同体量有关，几何因素既可体现体量价值，也可作为设计陈列组合、装置或附件的创作工具（图7-33、图7-34）。

图 7-29　大大的橱窗中，主人公高雅的爱好情趣跃然眼前：高倍天文望远镜、一卷卷的图纸、获奖的奖杯、精致的螺旋桨、铁面盔甲收藏品……，道具的巧妙运用，传递出品牌的优雅生活与着装和谐统一的完美理念

图 7-31　DAAD DANTONE 店明亮的灯光衬映出陈列商品的黑色调，木材等有机材料是设计的主要元素。天然麻绳和木板结合，质朴中传递着奢华精致的时尚气息

图 7-30　处在维多利亚二世拱廊的 DAAD DANTONE 店是米兰时尚消费的中枢，DAAD DANTONE 是米兰精品店的前卫代表。生铁和钢板材料制作出低垂蜂窝状图形，寓意着商品就是滴出来的甘甜蜂蜜

图 7-32　天使翅膀的灯带设计，使 BOSS 品牌橱窗内的高雅绅士添加了幽默可爱的成分。运用了高科技的材质

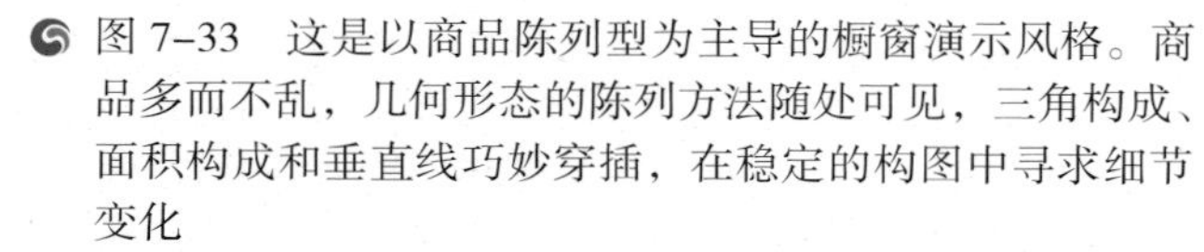
图 7-33　这是以商品陈列型为主导的橱窗演示风格。商品多而不乱，几何形态的陈列方法随处可见，三角构成、面积构成和垂直线巧妙穿插，在稳定的构图中寻求细节变化

图 7-34　以重复量感的设计展示出商品的丰富性

第六节　橱窗与展位设计

每年名目繁多的展会是服装业借以展示品牌和寻求加盟代理商的一种强有力的营销手段。其中，展位的设计也是彰显品牌形象魅力和传播商品信息的艺术形式，是艺术表现与工程技术的完美结合。国际展览联盟（简称UFI），于1925年在意大利米兰成立，是展览行业唯一权威的世界性组织。目前在71个国家、144个城市拥有224个正式会员，并批准了其成员主办的600个展览会。欧美一些发达国家的展览主办机构、著名的展览中心及展览协会大多为该国际展览联盟的成员。一个展会要能获得国际展览联盟的批准，其服务、质量、知名度皆要达到一定的标准。在国际展览联盟年会上发布的最新研究报告中，已把中国的北京、上海、深圳、大连等作为亚洲最重要的展览城市，中国展览业的竞争优势已日益突显。

一、橱窗与展位设计的关联性

如果说橱窗是品牌信息得以传播的空间，那么，展会中的展位则是商品信息高度交换的场所。在当今信息时代，展位作为一种特殊的公共信息传播方式的模式，展位的设计和橱窗设计有着异曲同工之处。尤其是在专业的服装服饰展览中，怎样选择、留住专业观众并用最高效的交流，传播企业的品牌概念，交换到更有价值的信息，无疑是展位设计规划要考虑的重要问题。每年，全世界的服装服饰类展览数不胜数，是品牌营销推广的重头戏。从一定意义上讲，展位设计与橱窗设计有密切的关联性。和橱窗结构相似，展位也分为封闭式（图7–35）、半封闭式（图7–36）和敞开式（图7–37）三种形式。

图 7–35 只设有一个出入口的封闭式展位，如同品牌店面，外观设有若干橱窗

图 7–36 半封闭式展位，设有若干出入口。以半封闭式橱窗 VP 演示空间构成展位的空间布局

二、展位是橱窗的延伸与交流

橱窗会随着季节或促销主题活动的变换，在一定时间内频繁地更换商品，少则一周，多则一季。展会也有着严格的时间性，通常从几天到十几天不等。展位作为商家独立的特定空间存在，既是整体

图 7–37 敞开式展位设计没有固定入口出口的设计，根据商品系列和主题构成类似橱窗的 VP 演示空间

的一个大橱窗，更像一个品牌终端卖场。在不少的展会中，参展企业会营造出很多视觉亮点来吸引参观者的目光，甚至用声、光、电等高科技设施。

优秀的展位在展览会上的设计和布置上能迅速吸引观者的注意力，激起专业买家的交流欲望，在空间布局和形式设计上往往需要更有新意。因不受店面橱窗位置大小的限制，展位的设计其实更像是橱窗的延伸，甚至可以进行360° 的视角展示，创造更多的商机（图7–38）。

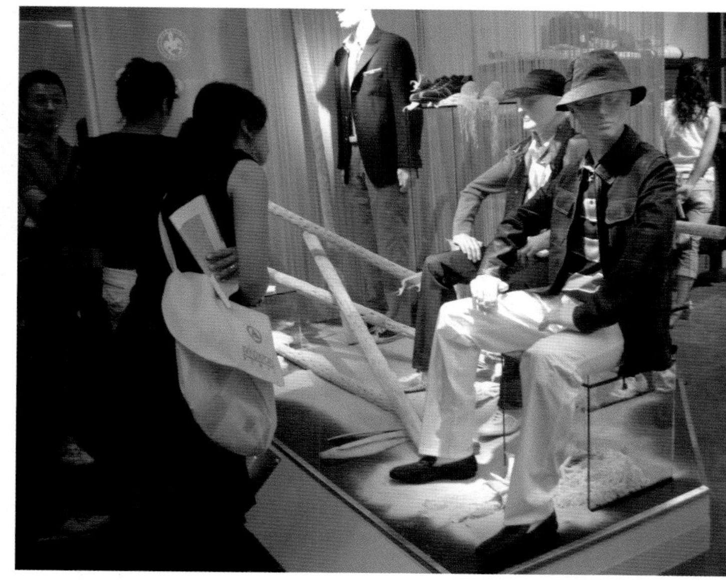

图 7–38 展位的入口处精心设计的 VP 演示空间，如同没有玻璃的橱窗，360° 近距离的展示深深吸引着观者

三、展位设计布局与商品陈列

针对大面积的展位，除需要对展位进行布局规划设计外，还需要对参展的商品进行演示和展示上的陈列。根据面积要划分出入口、接待、展示、洽谈、会议、浏览动线等各种功能区域。在商品多、展位小或展位大、商品少的情况下，更应该注重展位的内部设计和布局。

以笔者参与设计的2007年大连服装博览会TRANDS品牌为例，500平方米的展位以“高级男装时尚会所”为设计主题，将空间规划为入口区（含橱窗展示）、接待区（名片及印刷品礼品接受发放区）、吧台服务区（图7-41）、VIP雪茄吧区（高级定制类产品，图7-42）、T台展示区（正装类产品，图7-43）、娱乐休闲区（半正装和休闲装类产品，图7-44）、洽谈区。展位内每个主题展区都有精美的陈列，显示着产品的精致设计和品牌的高端定位。

和以往不同的是，此次展会为保有品牌的神秘感，没有设计多方位的入口出口，只有一个宽4米的进出口，指定参观者由此进入。除了内部的精心设计，在展位的外围设计上也进行了巧妙的构思，右边是有代表性的欧式建筑风格的回廊，壁面有巨幅的秋冬产品灯箱，明亮的画面吸引着远处观者的视线。（图7-39～图7-44）。

图 7-40 莲花池后的通透式橱窗设计，让观者可以窥看到展位内部的部分场景，刺激观者们看展位内全貌的欲望。莲花池的设计也为展位带来了生动自然的视觉气息

图 7-39 高级男装时尚会所，以欧洲建筑模式为设计灵感的封闭型展位设计

图 7-41 入口处的流行趋势概念商品展示区，将商品主题信息灌输给每一位观者。远处吧台的设计为进场的专业买家们提供水果饮料与红酒的服务，也是“会所”展位主题的再现

图 7-42　高级定制男装展示区以真皮沙发、雪茄保鲜盒、欧式壁炉、水晶灯、大型壁画和烛台等道具元素，打造出会所内为 VIP 客户提供的“雪茄吧”的氛围

图 7-44　娱乐休闲男装展示区的墙上配有美式飞镖 CD 展架，白色台球桌（二次烤白色漆）上用流行男装面料替换原绿色的台案，用纽扣摆成品牌 LOGO 字样，以轻松幽默的氛围展示着休闲男装产品

图 7-43　男正装成衣商品展示区是以 T 型台为展示道具，静态上演时装秀，在意大利的经典歌剧的背景音乐中，传递着品牌的文化与灵魂

四、诱导人流动线的展位设计

和卖场一样，展位也有着重要的人流动线的设计。例如导示牌、地面铺装、景观小品、颜色、照明以及陈列道具等，都会对人流起到引导作用。在设计线路时要注重内外沟通，脉络清晰；注重人流的自然顺畅，平均分配进出关系，避免盲区和死角区（图7–45）。

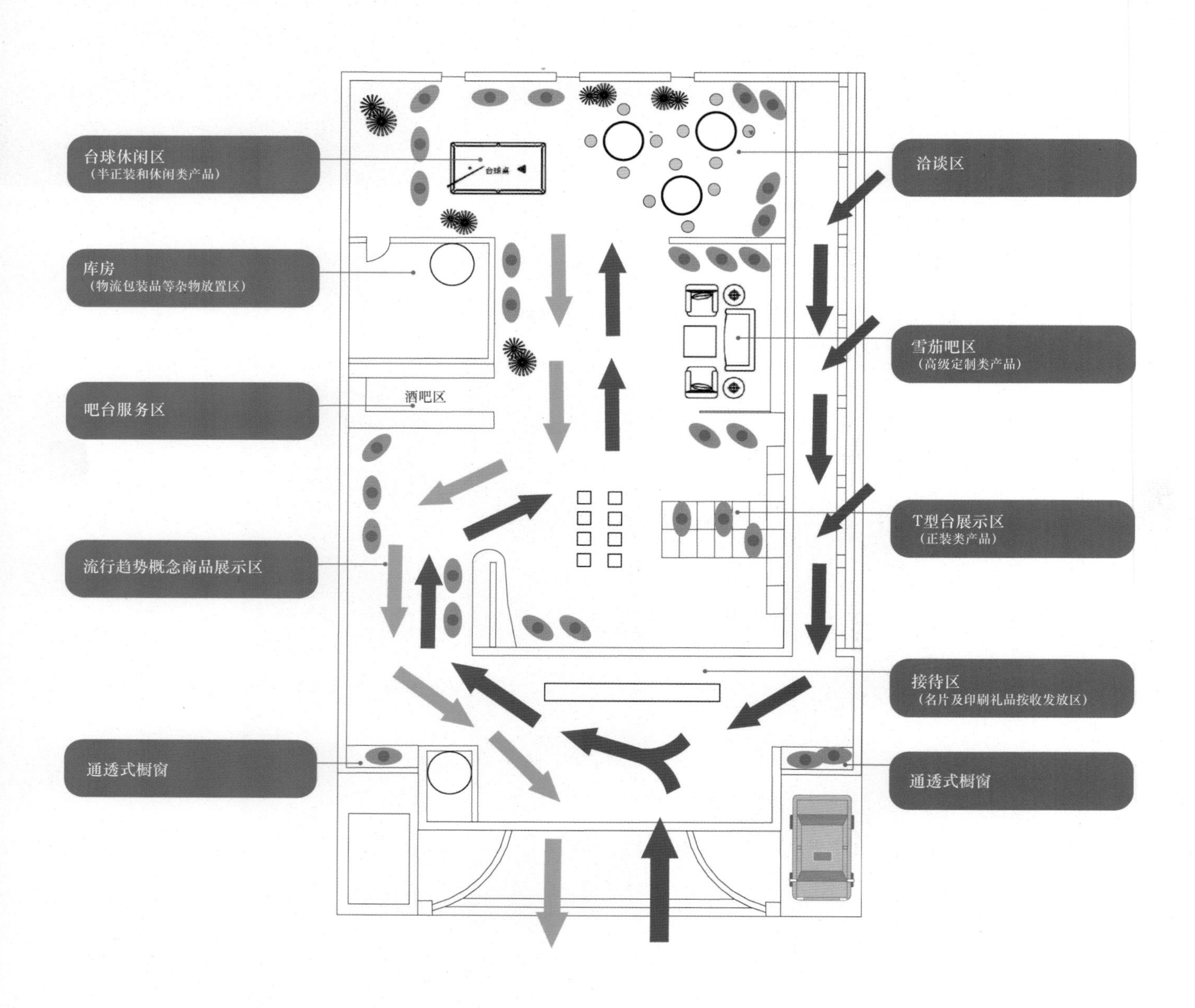

图 7–45　人流动线和内部展区的规划图

小结

橱窗设计及展位设计等所有视觉表达的计划和实施都包括以下领域，即商店橱窗空间结构和设施，人形模特模型、道具、材料的适当使用，合理的设计布局，色彩、照明的选择，广告POP和背景展板的恰当运用等，所有这些都必须体现在精彩夺目的设计主题和环境当中。

思考题

1．橱窗陈列的主题类型有哪几种？

2．进行橱窗设计规划之前要考虑哪些因素？

3．橱窗陈列的风格有哪些？

调研作业

1．按照女时装、女休闲装、男正装、男休闲装、童装和运动装六大品类，调研你所在城市的服装品牌橱窗各10个，分析哪种风格是最常用的，为什么？

2．连续两个季节关注一家著名服装品牌或百货商店的橱窗，分析其主题活动类型及设计风格。

练习题

以3～5人为单位组成小组团队，为本市一家百货商店内的品牌设计二月份特别促销活动的橱窗陈列方案，指明具体的日期、活动的名称以及在每个橱窗中视觉营销的参与内容，填出下面的表格。

二月份促销活动橱窗陈列提案

品牌名称

橱窗	主题内容	陈列的商品品类	道具的配置	模特配置数量	平面广告设施	设计提案效果图
封闭型						
半封闭型						
通透型						

第八章　服装服饰卖场的规划与动线布局

【本章学习要点】

通过学习本章，能够了解：

（1）服装服饰卖场规划的要点；

（2）如何通过卖场商品布局的联结点进行陈列规划；

（3）如何活用多种陈列方法诱导顾客的视线；

（4）如何进行服装服饰卖场动线布局。

放眼望去，服装服饰品牌卖场在大型的百货商场或者购物中心中比比皆是，也有着相似的视觉外观和形象。很多品牌熟知视觉营销的重要性，在卖场VP演示空间中不遗余力地用心营造，但是面对周遭优秀的竞争品牌，也难免从视觉比对中优势全无。即使对被吸引而暂时进店巡视的顾客，也要当做能够再次进店的潜在顾客对待。所以要想尽办法让顾客关注店面、进到店中来、提高进店率，这才是销售的真正开始。因此，如何做到诱导顾客视线，让他们毫不犹豫地走进店铺，还要从卖场的陈列规划和动线布局做起，这是视觉营销工作者、陈列设计师们必修的“功课”。

第一节　服装服饰卖场的规划

服装服饰卖场售卖的是流行与时尚，因此卖场应该有精美的视觉画面，愉悦的氛围，充满魅力的商品以及精致的陈列。必须通过空气（气味）、温度（皮肤舒适感）、精心设计的光源照明、POP等视觉平面宣传广告等，把卖场的经营意图和品牌形象直接传达给顾客。当然，只有这些还远远不够，还要进行陈列规划和动线规划来增加卖场内顾客停留和选购的时间，给顾客愉悦的购物体验和享受（图8-1）。

巧用精神意境在卖场中烘托出顾客的生活方式，使之认同、感受，继而激发出购买欲。要达到这个目的，卖场建设之初就应仔细规划，认真设计，装修设计师和陈列设计师一起讨论店面施工设计的方方面面，而不是在卖场经营后才发现很多空间动线不理想甚至不能实施陈列。

一、三大空间的规划

卖场的三大空间已经在第一章内容中学习过了，分别是VP演示陈列空间，PP展示陈列空间和IP基础陈列空间。三大空间的功用和设计是卖场规划范围内的重点，是开展视觉营销的手段之一。三大空间陈列规划是要根据品牌经营的策略而定，并且有所侧重。首先要做到的是容易进出的布局，监测顾客的日出入流量数据，把入口的空间充分利用起来，在这个空间中尽量能让顾客看到并感受到店内的气氛和光鲜靓丽的商品。VP演示陈列空间、

图 8-1

PP展示陈列空间和IP基础陈列空间是卖场内陈列规划的重心所在。三大空间的规划布局影响着卖场的环境，能够带动顾客情绪，因此愉悦舒适的卖场空间，如同在炎热的夏日里喝一杯清凉解暑又有营养的饮料般让人感到舒畅（图8-2）。

图 8-2

二、固定陈列设施的规划

卖场中有陈列用具、演示道具以及各种各样的展示陈列设施，不能够移动的称作固定陈列设施，所占比重最大。固定陈列设施在卖场装修之前就已经规划布局完毕，用于日后的商品陈列。如分组型的高背柜、高背架，墙面固定的壁架等，这种陈列设施能使顾客容易看到商品形态和细节设计，并且能用手触摸得到。而隔板式、多层陈列架等固定展示设施，由于陈列商品群量，只能折叠而不能直观地看到商品展开，因此，它们只适合陈列多色彩以及图案变化的服装商品。所以，陈列设计师要在卖场装修之初就要参与其中，进行固定设施的规划设计工作。由于每个展示陈列设施都有自己的目的和作用,作为陈列设计师要用不同的陈列方法和配置顺序来满足不同的顾客的兴趣和购买行为。图8-3所示，整面墙都是固定陈列设施，有LOGO，墙面货架和PP空间，它限定了商品的陈列数量。所以在进行商品陈列工作时，提前要规划好陈列品类和数量，不仅要考虑将品牌形象最显著的商品用于陈列（该墙面也是形象墙柜，有品牌LOGO出现），还要将合适的商品量陈列其中。

图 8-3

三、移动陈列设施的规划

可移动的展示设施有陈列柜、陈列桌等，它们是激活、调整卖场气氛的重点设施。这些可移动的设施大都会放在重点醒目的位置上。卖场出入口附近，扶梯的周边，电梯的出入口附近，这些都是卖场布局要重点对待的地方。因此，重点对待移动设施的陈列，在整个卖场会起到承上启下的作用。服装服饰卖场由于成本原因不能经常更换陈列设施，所以只有对移动陈列设施进行精心规划与布局，让顾客感到卖场有新鲜的变化；让每个周期的商品在一定的时期或时间段内，也有新颖的陈列方式，而这个周期时间段，是由顾客进店频率的高低来决定的。如图8-4所示，VP演示空间中的人形模特模型可随着移动陈列设施随时变换形态演示，在激活、调整卖场气氛的同时为顾客带来新鲜的视觉效果。

图 8-4

四、特卖设施的规划

特卖，虽然这是大多数服装服饰品牌公司商品销售计划中的一项，但是由于特卖场面积不一，所使用的特卖设施也会不同。例如百货商场统一使用的花车，是促销打折商品都经常用到的，但是由于花车外观形象欠佳，车身占地面积大，出现在卖场中容易降低品牌价值。在年终岁尾，特卖的空间会吸引大量顾客，而名目繁多的特卖活动也作为商家店铺的噱头出现。在进行特卖设施的规划时，要避开形象墙，品牌荣誉墙以及VP空间的位置。一般情况，大型店铺的特卖场，主要选择在主通道周边的空间，在主通道上容易吸引视线的地方为最佳。若在卖场深处、拐角等视线死角，可以通过照明来解决，增加灯的数量或照度，或者用色彩鲜艳的陈列吸引眼球，也是一种有效的规划布局。

五、整体规划中的细节

当顾客想购买某种商品而立刻会想起一些店铺卖场来的时候，人们称这样的店铺卖场与顾客之间有很高的“心灵共享”，这是每个品牌都希望做到的。但是能做到“心灵共享”的卖场不仅要达到整体规划合理有序，在细节规划中也要一丝不苟。到底是哪些细节呢？其实就是卖场内部最基本的要素——清洁和整理。由于商店内人来人往，卖场内即使是早晨清扫过了，半天过后还是有一层灰尘能看到，因此在没有顾客光顾的时候应及时用抹布擦拭。如同白色领口上的污渍一样，卖场隔板上的灰尘会使顾客潜意识中排斥卖场。用细心清洁换得店铺卖场完美形象，顾客会被细节打动，因为消费者会用心去捕捉卖场与商品带来的细微触动。

不仅如此，商品的褶皱、包装的污损、长时间陈列后的用具破损，这些都是在细节规划内应避免的。特别是VP演示空间或PP展示空间所陈列的商品，要保持最好的状态。陈列架上的商品看上去散漫无序；衣架上的商品错落不齐地挂着；没有按颜色整理的陈列效果，这些也都会成为“不干净”的原因。收银台周边常常有一些与商品无关的物品（店员自己的水杯和私人物品）会进入顾客的眼帘，特别是试衣间这种卖场正面几乎看不到的地方，很容易被疏忽掉。因此，卖场每天要不止一次地检验每个细节角落的清洁和整理状态，只有这样把握好规划中的每一个细节，提升卖场内的销售额才是结果和目标。

六、陈列用具的规划及功能比较

卖场内陈列用具的规划功能特征比较见下表。

陈列用具的规划及功能比较

种类	功能特征	
人形模特及肢体模型类	优点	正面出样，有立体感，顾客很容易看清商品的形象、廓型、风格、知道是否适合自己
	缺点	不能在镜子前展开来看，展示商品量有限，不容易更换商品
	功能	适合传达商品信息、主题活动、款式形象、时尚情报
可移动桌式组合用具类	优点	容易更新、更换商品，顾客能看到款式轮廓，能用手触摸，
	缺点	没有立体感，不能拿出来对着镜子照，商品放多影响整个卖场的整齐
	功能	适合传达商品信息、主题活动、款式形象、时尚情报
固定壁柜高背架用具类	优点	有少量正挂，可满足正挂、侧挂和隔板折叠的诸多商品陈列，集VP、PP和IP空间为一体
	缺点	固定区域内不能移动，不能经常给卖场新的布局感
	功能	可以拿出来看，在现场可以触摸，在镜子前可以比照。可按照组合形式和商品要求开展陈列
隔板及多层式用具类	优点	可以拿出来看，在现场可以触摸，在镜子前可以比照
	缺点	顾客不容易知道设计廓型，是否适合自己不容易知道，量多的话拿出来不方便，拿出来后又不容易原样放回去
	功能	适合陈列变化色彩和纹路图形的商品
挂架、侧挂用具类	优点	侧挂出样可以拿起来看，可以触摸，可以在镜子前比照
	缺点	不能直观看到设计款式，若不按面料、设计的品类、长度、色彩和图案分类区别陈列，会降低商品价值感
	功能	适合一定群量的陈列，适用按照系列感陈列，展示可按色彩、图案有序地变化摆放

第二节　服装服饰商品陈列规划

服装服饰商品卖场的合理规划是为了更好地进行商品陈列，而陈列的目的是恰如其分地解释、说明商品的款式设计、材料、价格和其本身的商品价值。从顾客的需求层面上，要让顾客容易看到、容易拿取、容易选择和比对、容易触摸和试穿（图8-5）。

从销售的层面上，应将商品陈列合理规划，使商品显得丰富充满魅力；利用多样化陈列手段，有效传递商品内涵，准确表现商品价值感，最终达成销售。视觉营销工作者和陈列设计者必须要明白：陈列是左右着销售成败这一事实。要在这样的思想指导下，精心进行商品陈列规划的工作。

一、掌握商品陈列整体情况

陈列反映着商品的特色，但是陈列一定要重视商品的数量，要合理掌握每件商品的陈列效果。在

图 8-5 方便顾客的陈列

陈列工作前要检查掌握商品整体状况才能更好地完成任务。

1. 商品库存量

包含卖场商品和库房库存商品，铺货量是否合理？卖场货量和陈列用具自身陈列量要适合。

2. 采取商品分类的方法

服装服饰商品可按照色彩系列分类，或是按照服装品类分类，或是按照价格分类等。

3. 商品分类要考虑与场地布局的关系

卖场内的各种商品类别要结合陈列用具与场地布局进行陈列。

4. 陈列用具和演示道具的数量和状态

了解用具的功能、作用以及最大化与最小化陈列商品的数量，检查用具的新旧程度，根据情况进行维修翻新，要以最佳状态出现在卖场内。

5. 陈列用具和演示道具是否和商品合拍

每季商品款式与群量是否和陈列用具相符合，要及时应对商品款型变化而进行陈列用具的调整。

6. 熟知卖场面积

了解卖场内的面积和库房面积，以便应对陈列商品的群量和货量的增补。

检查并掌握以上这些项目，清楚卖场、商品与陈列用具和演示道具的情况后，做到心中有数，这是陈列规划工作环节的第一步。

二、商品的固定形陈列和暂时形陈列

在卖场，结合各种陈列用具设施开展的商品陈列，有固定形陈列和暂时形陈列两种。

1. 固定形陈列和半固定形陈列

卖场内长期使用的商品陈列格局，可称作固定形陈列。而为了中秋、圣诞、新年等特殊主题活动，在商品陈列大格局不变的情况下，只稍微进行主题造型的调整，被称为半固定形陈列。这时商品的陈列规划有可能为了配合半固定形陈列需要做相应的调整和改进，不仅要准备大量的主题商品，还要提前规划好相关陈列用具、演示道具和陈列形式、方法。

2. 暂时形陈列

可以组合，自由移动随时调整的商品陈列格局被称作暂时形陈列。根据品牌自身或销售场地的企划活动，在一定时间期限的情况下实施，随着特殊的销售方法体现。如针对周末的限时促销，将商品以折扣价位在此时间段中销售，这时的商品陈列可以结合陈列用具设施和陈列手段作暂时形陈列规划。

第三节 服装服饰商品陈列分类

很多卖场在实施商品陈列方案的时候都采用一些可变通的陈列设施用具，随时给顾客一种动态的可变的布局，以此增加店内形象的新鲜感，使来店的顾客感到店铺的新意，提高进店的概率。要使顾客从卖场外部的感受一直延续到店内部的陈列上，则要在以下这几个区域的陈列上格外用心。

一、中岛商品陈列

中岛商品陈列也称岛屿陈列，是进到卖场内在所有方向都可以看到的特定陈列空间，主要设置在卖场中心的地方。它主要是介绍服装服饰新品或特殊活动商品陈列的场所，因此只是运用一段时间。

中岛陈列在整个卖场中起承上启下的作用，也可当做一个统一形象点来使用，通过有效的照明处理和突出商品的小道具、展示用具共同来进行演示陈列。如图8-6所示，在卖场的内部进行的中岛陈列，一大一小可以随时移动的圆形流水桌放置在卖场空旷的中间。如果有一个坐姿的人形模特模型和陈列用具一起构建三角形组合陈列，相信演示效果会更好。如图8-7所示，服装服饰卖场为了营造圣诞节日气氛，而做的暂时性布局的中岛陈列，很显然这是典型的主题型演示陈列。

图 8-6

图 8-7

二、收银台服务区商品陈列

收银台服务区是交流、支付、包装服务与商品的售后信息传达的地方。由于是和顾客打交道的地方，在收银台服务区附近可以陈列服饰小商品，这样可以容易得到顾客的关注，让顾客很容易看到和不经意间触摸到小商品并发现其优点，因此增强了销售效果。为了使收银台服务区成为有效的销售区域，可以在卖场设计规划伊始就要将其设计成既有服务功能性也能用作陈列的区域。根据所售商品风格和品牌形象，会形成多样的风格不一的收银台。收银台服务区的陈列商品适合服饰配件等小的商品，如围巾、手套、帽子、胸针、首饰、手包等。在此区域的商品陈列也要按照合理配搭和色彩进行陈列规划。如图8-8所示，在卖场收银台前精心地摆放一张陈列桌，可以使顾客在收银区等待停留

图 8-8

图 8-9

都是可以按照商品容量随时上下调整。根据不同色彩标示，商品可以按照不同款式陈列，方便顾客选择，也方便售卖工作。图8-13所示，为休闲装卖场最常见的隔板陈列，墙面被有效地用隔板形式利用起来，商品陈列量大而且丰富。人形模特模型、包袋、鞋子等商品成组陈列，色彩的配搭起到了关键作用。

时，视线被极好的玻璃下的商品所吸引。图8-9所示为卖场收银服务台上的玻璃罩，里面是配饰商品的陈列，看似无意之举，其实是精心策划的布局。

三、隔板商品陈列

隔板作为陈列用具的一部分，将其设置在离地面150cm左右的高度最为适合，是顾客视线最舒适的高度。很多卖场在规划设计上都考虑了隔板陈列，尤其是有包、袋、鞋、帽等服饰商品的卖场。处于人视线以上的壁架、墙柜、高背架的隔板陈列，被规划为PP展示陈列空间。在卖场起到IP空间和VP空间的视觉连接点作用，也是相关商品一起组合销售的空间。根据卖场规划情况，隔板上也可使用人形模特模型，最常见的是使用半身或是艺术型的人形模特模型。在PP展示陈列空间中，隔板上陈列的商品是顾客只能看到却触摸不到的，所以要按照视觉营销的计划进行隔板商品的陈列。

图8-10是女鞋卖场，巧妙利用了雕花镂空的隔板，经由光源投射后出现了光影交加的剪影，也衬托了该品牌独有的优雅品位和风格。图8-11是典型的服饰配件卖场，利用墙面隔板架和中间的多层陈列架，将包袋等商品一一陈列，方便顾客触摸和选择。图8-12是牛仔裤的卖场，整个墙面隔断的版面

图 8-10　女鞋商品隔板陈列

图 8-11　服饰配件商品隔板陈列

图 8-12 牛仔裤商品隔板陈列

图 8-13 休闲装商品隔板陈列

四、迷你橱窗商品陈列

迷你橱窗适合展示服装配饰类商品，尤其是珠宝、首饰等，可增加卖场的精致性、贵重感和可观赏性。因为是顾客触摸不到地方，一般都被规划在和顾客视线交接的高度上。值得一提的是，小型橱窗陈列要比服装VP演示空间更加具有趣味性。对橱窗里的背景处理和小道具的使用，可以给予夸张变化。在不影响整体卖场氛围的情况下，介绍有魅力的色彩和商品细节会更有视觉效果，可以利用适当的小型局部照明来突出商品。迷你橱窗在规划时可以设置在卖场的内部，能够发挥重要的视觉导向作用。从图8-14中可以看到，出现在卖场内的迷你橱窗，精心的向顾客展示着品牌的历史和殊荣，增加了品牌的文化厚重感。图8-15所示，为卖场墙面上

图 8-14

图 8-15

数个迷你橱窗，合适的高度，使顾客能像欣赏名画一样的近距离观看，独立的光源射灯赋予了首饰商品的独有魅力，在置身卖场时，如同在美术馆看艺术展一样，调剂着顾客的心情。

五、柱子商品陈列

作为卖场建筑承重结构的柱子，除了有承托天棚的建筑功能外，也可以成为卖场中具有陈列功能的墙面，在周围设置隔板，用于商品的陈列。尤其是在百货商场，有的品牌进店时会分到有柱子的卖场，因此，在装修陈列规划之初，就要针对柱子进行精心的设计。柱子的功用和陈列用具类似，因此也是卖场内陈列规划的一部分。有的柱子起着与商品陈列技能无关的作用，只是为了调节卖场的气氛，有的是起着商品储存的功能，上部分是做商品演示，下部分作为商品陈列IP空间。一般来说，中低档商店柱子的使用，多于高档商店。过多的柱子会遮挡顾客的视线，对卖场品牌造成一定的销售影响。柱子是整个卖场气氛的垂直设计要素，尤其在大型节日进行卖场的空间设计时，柱子是装饰陈列的一部分。

图 8-16

如图8-16所示，休闲装卖场里的柱子已经和卖场整体风格融为一体，并巧妙地被设计成了卖场VP演示空间的背景墙。顺着通道的一侧，三个TV屏幕动态地传播着品牌故事。如图8-17所示，在此高档男装卖场中，如果不仔细看，根本看不到大理石柱子的存在，设计师在卖场空间设计时就想到了如何地规划处在卖场入口处的大柱子。用钢化玻璃将大理石柱四面围住，使大理石柱子在卖场中成为具有PP展示和IP陈列的墙面空间，有效地进行了商品的陈列。

图 8-17

六、卖场入口商品陈列

卖场入口商品陈列跟橱窗一样重要，因此要好好进行商品陈列规划，斟酌入口的天棚高度和宽度以及地面的色彩、材料、照明。卖场入口处光源要明亮，这是因为要考虑渲染入口处的气氛和情绪。入口的陈列布局要考虑卖场整体的位置和形态，要

图 8-18

图 8-19

图 8-20

和其他陈列用具统一协调等，并能引导顾客的视线从入口处向卖场内移动。在商品的陈列组合方面，可从各类商品里把最有魅力的挑出来，整合陈列提升演示感，利用开发或采购的小道具完成整体的视觉形象。卖场入口陈列也有固定和暂时之分，将固定设施施工在入口处后，该卖场必须按照设置的陈列用具开展商品陈列；暂时的入口陈列则可根据活动的主题自由控制商品陈列的群量和道具的投放。如图8-18所示，该卖场入口处，是固定的陈列设施演示道具，所以每一次演示陈列，都必须要遵从其陈列的要求。而图8-19中的卖场入口处的设计不仅考虑了演示视觉效果的传达，更从理性的布局角度考虑了通道、人流的动线。根据商品量、演示道具或者陈列用具决定着是否可任意组合增加或减少。此处卖场入口商品陈列也可以根据活动主题随时调整商品群量和演示道具的展示形态。

七、顶棚商品陈列

顶棚也是卖场空间商品陈列规划的一部分，是形成卖场空间的一个要素。顶棚承载着固定灯具进行照明的作用，但也可根据品牌需求进行商品陈列。比如在表现季节或节日的主题性陈列中，装饰以悬垂的动感造型是能引导顾客视线流动的，顶棚还可利用商品或POP广告及其他的装饰品等进行重点装饰，因此，顶棚高的情况下也可以成为商品演示陈列的空间。尤其是大中型的零售卖场，顶棚的陈列是非常重要的，往往以大的场面出现，渲染气氛，为消费者带来快乐的购物氛围。如图8-20中大型服装服饰卖场的顶棚被精心设计，用一组裤装商品作为演示陈列，按照卖场动线布局进行的顶棚商品陈列，突显了该卖场服装的休闲时尚风格。

如图8-21中，女装卖场深处有一组利用顶棚进行演示陈列的VP空间，从顶棚上垂下来的绳索悬挂了手袋和围巾的配饰商品，能够与人形模特模型很好地配搭，提供给顾客这一季主打的形象。利用顶棚也可以进行商品的演示陈列，关键是如何利用好顶棚空间。图8-22并不是顶棚的商品陈列，而是利用顶棚格栅，装饰陈列了和休闲运动装相呼应的演示道具，有一定的创意和趣味性，也装点了狭长的卖场通道空间。

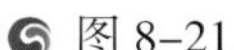 图 8-21

图 8-22

第四节　卖场内部动线布局

一、动线的概念

动线是人在室内室外移动的点，连接起来就成为动线，是建筑与室内设计的用语之一。优良的动线设计在展示空间中特别重要，如何让进到空间的人，在移动时感到舒服，没有障碍物，不易迷路，是一门很大的学问。在服装服饰卖场中，动线布局能引导和方便消费者购物，良好的人流动线也能延长顾客在店铺的停留时间，带动品牌商品购买率的提升。

动线布局是将卖场人流移动的痕迹在平面图标注后进行动线规划图的设计，也就是预测人的移动线路,来配置商品进行陈列，以及各种展示设施用具的配置。可以说，在人行通路的配置上，动线布局是卖场构成的基本。主动线、副动线、视觉停留点、脚步停留点，都与卖场陈列设施的配置有重要的关系。对于卖场而言，动线的设计意味着用最合理的、最有效率的规划调整人的移动路线。对于动线的设定，必须要站在顾客的角度，去考虑便利性、趣味性、安全性等问题，这样才能成为一个优秀的卖场。

二、动线的功能

动线的功能分为主动线和副动线两种。主动线宽阔单纯，让来店客人可以顺利到达要去的目的地，有一定的公共性。为了把店内所陈列的商品更多地展示出来，诱导顾客到达所希望去的地方，就需要设计出具有诱导效应的主动线。副动线连接主动线，在演示商品功能上比主动线更开放，顾客可自由到达卖场的每个角落，因此停留时间较长。主动线策划着顾客的流动性，而副动线是以留住来店客人为目的。

三、动线的形态

动线的形态分为顾客动线、店员动线、管理动线。

1. 顾客动线

顾客动线指的是顾客从卖场入口到店内的流动路线，这种动线要长而自然。理想的卖场是指顾客没有负担地从容进入。顾客动线越长，越能看到更多样的商品，与店员的交流也会越自然，因而会产生诱导购买商品的效果。为了延长顾客动线，应随着顾客的移动，把握商品的连贯陈列和调整通路的宽度。

2. 店员动线

店员动线根据销售形式和店铺的特点会有区别，但是店员动线过长的话会产生疲劳感，因此会降低效率。就是说店员动线与顾客动线相反，其越短效果越好，要能快速地拿出商品，快速为顾客服务，同时也要容易进行库存管理。

3. 管理动线

管理动线是销售关系以外的动线设置。因为商品要搬入、搬出，反映了办公室和卖场、仓库、作业之间的顺畅的业务关系。管理动线和店员动线一样，设计得越短越好。理想的管理动线设计是以办公室区为中心，卖场、仓库、作业间、职员室等以最短的距离连接。

四、动线的设计

动线设计是把人的移动路径用线来表示，以达到最合理、最有效率的方式来计划和调整卖场格局。在平面计划中应设定动线入口和出口，这之间的动线设计以有必要让顾客看到内部的商品为原则。面积不大的简单卖场的动线形态有 O 型和 U 型，而面积较大、空间平面有余地的卖场比较适用于 N 型、Z 型、S 型、M 型、W 型、W 的连续型等。在商品展示会、展览馆等经常看到的形式是 T 型、E 型、H 型、X 型、Y 型等，除了这些还有螺丝型、星型、S 型的连续波纹型等。图 8-23 所示为动线的字母形态。

五、动线的连接点

从卖场入口处的VP空间到店内的IP空间，顾客

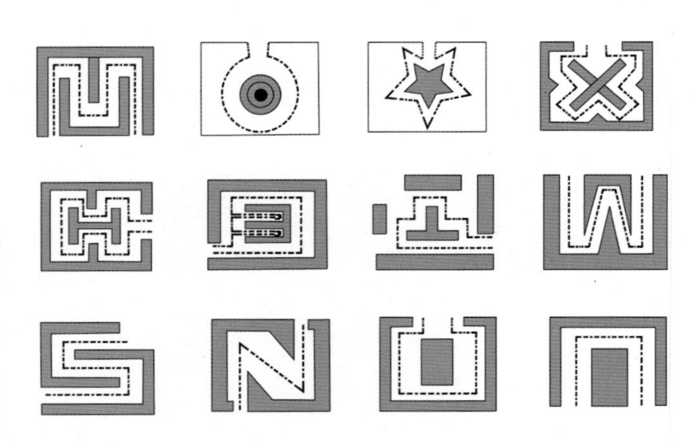

图 8-23　动线的字母形态

行走路线上的主动线和副动线要保持适当的距离，在动线切断的地方有一定间距的空间要有演示陈列点，这是诱导顾客继续前行的关键点,可延长滞留时间争取销售的机会。顾客一般都是边看商品边在卖场里转，因此需要明确地给商品分组配置，在合理的布局上要明确做好商品的分类，使顾客在店里时间延长。在做动线区陈列的时候，要避免由地面问题引起的心理反抗，不能出现倾斜、坑洼、断层、地滑、障碍物等情况。对于以年轻、前卫顾客层为目标消费者的店铺卖场，有意识地做成又窄又弯曲的动线通路，用活泼杂乱的陈列造型为连接，其实它连接的是一种期待感或好奇心。

六、动线的陈列

1. 设定诱导区域

想让顾客进店的话，必须要有吸引顾客的视觉手段。卖场不仅要有合理的动线，还要有视觉营销和陈列设计师设定出“诱导区域”，利用视线自然会被亮光所吸引的习性，在动线周边进行重点商品的演示和陈列。

2. 设定有效陈列区域

有效陈列区域范围是指顾客容易看到的购买便利的位置，也就是可以站着伸出手就可以顺利拿到商品的高度，视角以可以自然进入视线的范围。要在适当的场所用适当的空间把商品按目的、大小、品质、价格，在有效的陈列区域内陈列。

小结

本章系统地介绍了服装服饰卖场如何规划动线布局。无论是大面积的卖场还是小面积卖场，不仅要对三大空间进行规划布局，还要根据卖场内部投入的各种展示设施、陈列用具、演示道具等进行全盘设计。本章对卖场内部动线如何进行布局进行了详细的介绍，这些在服装服饰卖场的陈列规划中都是必须要考虑清楚的。不仅针对服装服饰商品而言，对其他商品的卖场规划与陈列都有一定的借鉴作用。

▶ 思考题

1. 卖场整体布局的细节规划有哪些?
2. 卖场固定型陈列和暂时性陈列有何不同? 举例说明。
3. 对于收银台的陈列功能的使用，你是如何看待的?
4. 卖场内顾客动线和店员动线的设计有何不同? 为什么?

案例分析

笔者曾接到某商城五层户外运动部的电话，应邀为一户外品牌卖场进行卖场内部规划陈列和动线布局，经理反映该店铺销售非常不好，虽然店大、商品也丰富，但就是留不住顾客。于是，笔者带着学生来到了该卖场一探究竟。

首先用一天的时间，每两名学生为一组，在该卖场前后左右的通道上进行人流观察并做记录。两名学生在卖场内充当顾客，观察其他顾客的行为和顾客动线的情况。在当天调研完毕后，学生们进行信息汇总，得到了以下的事实：卖场位置很好，位于两条主干道的中间；卖场有两个入口兼出口；商品丰富，户外商品一应俱全，卖场陈列用具较全，比较适量地陈列应季商品；卖场内为一家公司的两个品牌商品将卖场分开，在卖场内形成一条直线通道，连接两条主干道，如图8-24、图8-25所示。

图 8-24　中间的通道把原本一家的商品分割成了两家。东西很整齐，但缺乏新意，顾客没有想逛的欲望。很多顾客借此卖场的主通道直接走到了对面的卖场，没有设计出留住顾客脚步的动线。

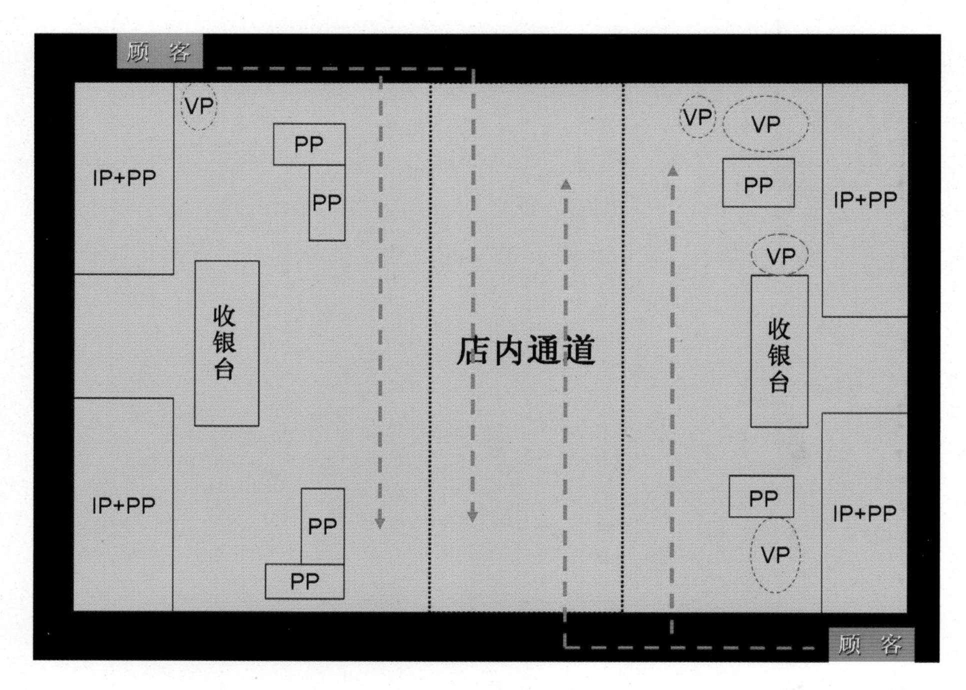

图 8-25 店面原平面布局陈列和动线规划图。

卖场陈列存在以下问题：

（1）一个卖场被两个品牌分割开来，顾客误以为是两家店面。

（2）卖场的陈列规划与动线布局属于直线线条，很容易让顾客当做商城内的主干通道行走。

（3）店内的VP空间演示陈列没有营造出户外野营和运动的氛围，服装色彩与配套商品色彩没有协调。

（4）IP空间陈列用具上的商品陈列方式有问题，不能让顾客方便、容易地看到商品信息。

基于以上调研得出的卖场问题，经过了详细周密的设计和规划后，做了以下调整方案：

（1）将分开的VP空间进行规划，重组成为中岛VP空间的形式，使两品牌商品合二为一，更加整体。（经销者确认可以混合销售）

（2）打破中间通道的陈旧格局，使顾客更有观看和购买的欲望。使顾客进到该卖场后，顾客动线加长且由原来的直线变成弯折线和弧线的轨迹，通过陈列用具的连接点的演示陈列，适当阻碍顾客的脚步，吸引停留。

（3）精心设计打造VP空间,吸引顾客产生购买欲并被户外相关运动氛围所吸引，如图8-26～图8-28所示。

▶ 问题讨论

1．根据以上案例，讨论户外服装服饰和休闲服装服饰的差异是什么？销售户外服装服饰品牌的卖场应如何陈列规划和进行动线布局？

2．根据以上案例的卖场平面图，勾画两种不同卖场动线布局图，并说出规划原因。

练习题

针对一个品牌卖场进行调研，详细记录该卖场面积、布局以及展示设施、陈列用具、陈列效果等。连续三天观察顾客进出的动线，思考该卖场布局的方案是否合理？根据本章所学，为该卖场撰写一份内部陈列调整动线规划报告，要求图文并茂，所提观点必须要有理论依据。

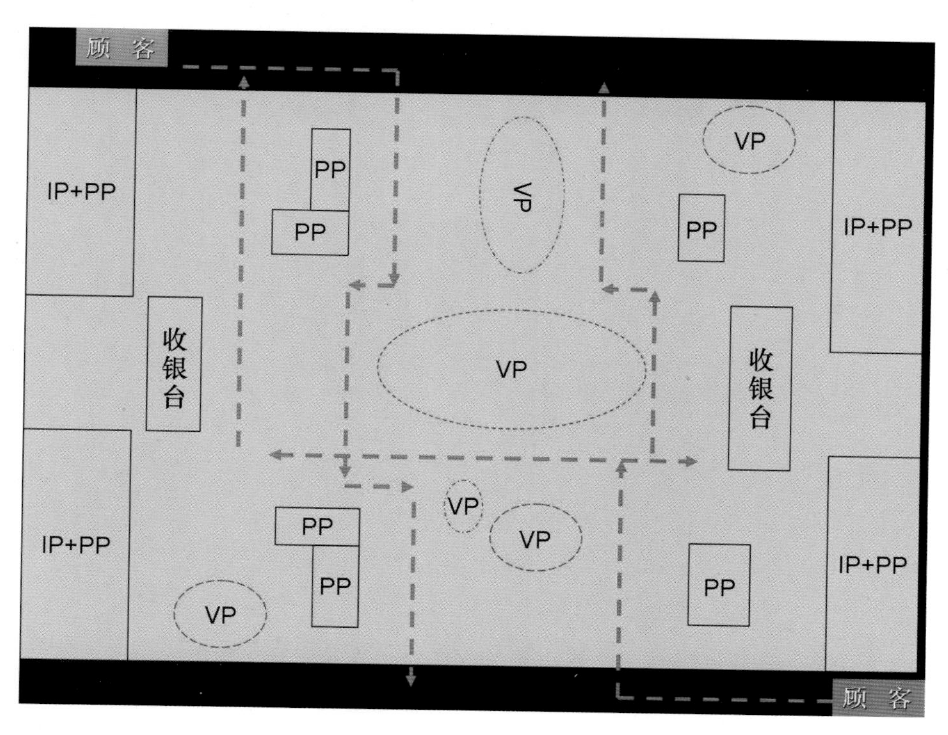

图 8-26　规划后的卖场平面图。

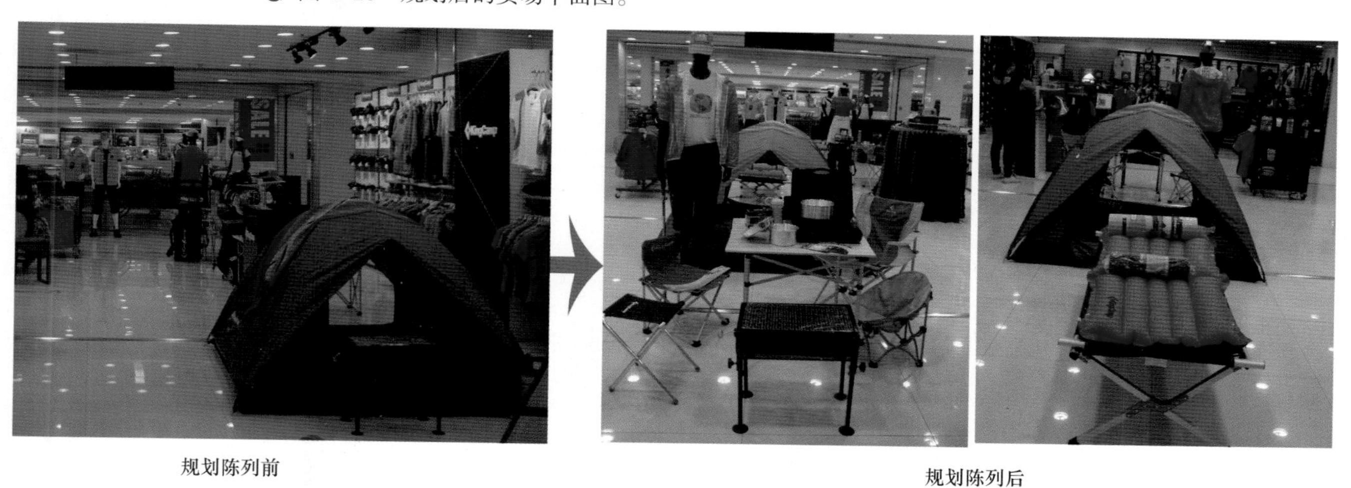
规划陈列前

规划陈列后

图 8-27　规划陈列前后的卖场比较

规划陈列前

规划陈列后

图 8-28　规划陈列前后的卖场比较

PRICH
Prude & Rich
PRICH

第九章　服装服饰卖场的灯光照明

【本章学习要点】

通过学习本章，能够了解：

（1）灯光照明对商品陈列产生的作用；

（2）各种灯光照明都作用于哪些地方；

（3）灯光照明的设计原则；

（4）卖场各区域布光的方法与原则；

（5）服装服饰卖场照明用具。

商品要卖得出去，首先得让人看见，被人看得多的商品，销售的机会就能够增加。橱窗设计、商品陈列、色彩的应用等都是以此为目的。然而，要是没有了照明，所有这些努力都会变得失去意义。可以说，照明是商业建筑设计中的必备因素，尤其是服装服饰卖场，照明的重要性更是不言而喻。适当的照明，可以使商品更具有吸引力，更容易被顾客发现。店内照明在卖场中扮演的角色和色彩一样重要，它可以提高商品陈列的效果，营造卖场氛围，从而创造出一个愉快舒适的购物环境。照明也是演示陈列的重要因素，不仅有利于显示商品的美，而且还能给予商品情态变化。因此，应根据场所和演示目的，采取不同的照明设施及方式。本章不涉及复杂的灯光技术，只是将服装服饰卖场的照明方法的种类与效果详细阐述。

第一节　灯光照明的作用

灯光可以改变整个场景的面貌和气氛。有的可以使人感到温暖，有的可以制造出欢乐的气氛，有的则又可能使人感到庄严肃穆。在服装服饰卖场中，照明对顾客的动线行走也能产生作用和影响。巧妙的照明设计可以提高商品的价值，强化顾客的购买意愿，使视觉营销的效果达到最佳状态。而照明不好的卖场会显得缺乏个性，缺乏特色，使人感到没有时代气息，顾客容易产生视觉疲劳和卖场过时的消极感受。所以说，卖场中的照明设计具有画龙点睛的功效，借助光源的照射，商品将变得更有魅力，卖场也会变得充满活力。大自然中除了自然光，就是人工光线了，人工光线包括白炽灯和荧光灯两种光线。白炽灯光线多为暖色调，以红色、橙色、黄色为主，给人以温暖柔和的感觉，被大多数品牌店、卖场采用。荧光灯比较环保节能，光线以冷色调为主，从演示效果和气氛营造上，还是白炽灯的使用能够达到效果，因此是服装服饰卖场经常的选择。柔和适宜的光线能起到引导顾客的作用，也就是说灯光照明的作用一是针对卖场商品，二是针对行走的顾客。如图9-1所示，以冷色调的荧光灯为主打光线的卖场一角，将商品的中性帅气的风格衬托出来，光线布局也在顾客行走的路线上设置。图9-2中是以暖色调的白炽灯为主打光线的卖场一角，针对商品，暖黄色的光线为包袋和商品的

图 9-1

图 9-2

配搭陈列更增添了协调的氛围效果。

一、针对商品的作用

光源能够增强商品的色彩与质感，加强商品的色彩效果。如果是经过了玻璃等有光泽的物品反射的光线，还能增添商品的精致度，提高商品附加价值。尤其是珠宝首饰卖场，光的布局运用更是非常讲究，因为要考虑宝石等材质的折光度。强调商品特点，经过精心设计的投射光源，使商品与背景分离，从而产生空间感。此外，光是具有“表情”的，它可以烘托制造出特别的气氛，使商品的内涵得以诠释，达到演示的最终目的。

二、针对顾客的作用

当商品不能从周围环境中突显出来时，光线就可以吸引顾客的注意力，发挥应有的作用。利用亮度、色调反差，可以使顾客的注意力集中在特定的商品上，从而达到视觉引导的作用。经有色光照射，商品会产生柔美的效果，使观者获得心理上的愉悦，进而增加对商品的好感，最后激起强烈的购买欲。

第二节　灯光照明布局的基本要求

卖场的照明，对于吸引顾客关注从而导致进店有着重要的作用。这也是由于人都有向光亮地方聚集的习性造成的。通过整体灯光照明布局展示店铺自身的风格和商品独特性，明确自身定位，彰显出不同风格店面的存在感，增加竞争力，这样才能增加顾客对店铺、卖场的记忆并提高进店率。

一、明确灯光照明的目的

视觉营销者、陈列设计师在对卖场进行灯光照明布局的时候，首先要考虑以下几点：

（1）能够增加顾客进店率；

（2）能够提高商品注意率；

（3）能够诱导店内顾客停留与行走。

二、明确灯光照明的种类

卖场照明应根据卖场的布局和商品的特性设计，视觉营销者、陈列设计师要了解灯光照明的种类：

1. 基本照明

基本照明是适合于零售店铺照度的照明，在设计店铺照明时候，要按照国家颁布的建筑物照度标准为基础进行，不同的店铺卖场要根据自身的面积、层高、自然采光等做出基本照明的设计规划。如图9-3所示，天花棚顶上的圆形筒灯的照明，属于店铺基本照明。根据层高，面积设计出相应的照度，并计算出照明灯的数量。

图 9-3　基本照明

2. **重点照明**

对于卖场中重点商品，在主要演示空间区域要做重点的光线照射。重点照明和基本照明之间的亮度差要分出层次，两者之间要有3～6倍的差距，才能突显重点照明的展示效果。如图9-4所示，卖场内人形模特模型顶端的照明为重点照明，从图上可以观察出其与卖场内部基本照明之间亮度的差异在3倍以上，强烈地吸引着顾客的注意力。

图 9-4　重点照明

3. **装饰照明**

装饰照明多用于卖场特定天花棚顶的装饰用灯，或者是为主题活动、大型促销活动调节气氛而使用的特殊照明方式，主要以突出宣传效果和调动顾客的情绪为主。如图9-5所示，卖场内人形模特模型头顶上的悬垂灯饰属于装饰照明，流线型的灯具照明衬托着流线型廓型的大衣，让顾客印象深刻。

4. **环境照明**

卖场内的环境照明是由基本照明、重点照明重叠形成的光线效果造成，如店铺卖场中的荧光灯和白炽灯两种不同光源交错形成的光源照射。如

图 9-5　装饰照明

图 9-6　环境照明

图9-6所示，男装卖场的天花顶棚由基础照明的圆筒灯和重点照明的射灯组成，形成了两种不同光源交错的光源照射。从图中可以看出，基本照明为荧光光线、冷色调，而围绕着壁柜的天花棚顶的射灯属于重点照明，光线为暖色调的黄色光线。

三、明确灯光照明的基本要求

1. 与卖场风格一致

要按照品牌定位，在处理卖场光线的冷暖明暗、选择照明用具上，与卖场风格保持一致。

2. 符合商品固有色彩

卖场中大都采用自然光色进行基础照明，即便在进行重点商品照明时，也不能夸大有色灯光装饰效果，尽量不选择影响顾客观察商品固有色的光色。

3. 避免眩光照明

眩光是由视野中不适宜的亮度分布或极端的亮度对比照成的，会让人眼无法适应而引起厌恶、反感等心理反应，如直视光源照射、镜面反射等。

4. 避免损害商品

卖场中照明光源设置的功率和照射方向，要考虑与货架、商品之间的距离以及照射点之间的细节处理。防止照明灯光线使商品局部褪色、变形。

5. 保障卖场安全

卖场安全也是陈列设计师不可忽视的环节。光源散热、用电超负荷等都是造成卖场安全的隐患，因此在店铺卖场进行照明光源布局时，应当考虑防火、防触电、防爆等措施。做到通风散热，用电安全。

第三节　灯光照明的照射布光方式

卖场灯光照射布光方式分为直接照明、半直接照明、半间接照明、间接照明、漫射照明、聚光照明（图9-7）。

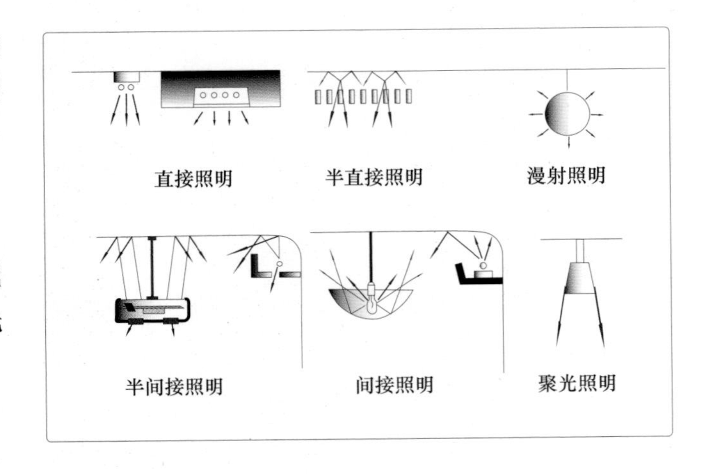

图 9-7　卖场布光方式

一、直接照明

直接照明是光源的直射光照亮一定区域，光线对该区域物体直接照射并且向周边扩散较少的光线。

二、半直接照明

半直接照明是光源的直射光一小部分光线反射到上方使周边变得明亮的布光方式。

三、半间接照明

半间接照明与半直接照明相反，是光源的直射光大部分光线投射到上方，一小部分光线直射一定区域，周边光线柔和朦胧的布光方式。

四、间接照明

间接照明是指照明光线射向顶棚天花板后，再由顶棚天花板反射回地面背景板或地面，光线均匀柔和，没有眩光的一种布光方式。

五、漫射照明

漫射照明是指光线均匀地向四面八方散射，没有明显阴影的一种布光方法。

六、聚光照明

聚光照明指照明光线集中投射到背景板或商品上，强调重点对象。这是容易产生眩光，照明区与非照明区形成强烈对比的一种布光方法。

第四节 灯光照明的照度分布

卖场位置不同，光源照度也有很大差异。卖场照明的重要目的是吸引诱导顾客，使之按照既定的卖场规划动线布局，进行视觉移动和行走移动。光源照度就是通过照明的光线强弱来引导和暗示顾客在卖场内外的行走方向。视觉营销者、陈列设计师可以根据不同的照度要求，计算出卖场内各区域空间内所需的照明容量以及不同功率灯具的数量。

照度是反映光照强度的一种单位，其物理意义是光源照射到被照物体单位面积上的光通量，照度的单位是每平方米的流明（Lm）数，也叫做勒克斯（Lux），也用Lx表示。

照度越大，被照物体表面就越明亮。在同样的环境下，使用同种型号的灯源，灯具的数量与所能达到的照度成正比。为保障人们在适宜的光照下生活，我国制定了有关室内（包括公共场所）照度的卫生标准。如在公共场所商场（店）的照度卫生标准≥100Lx；图书馆、博物馆、美术馆、展览馆台面照度的卫生标准≥100Lx等。国外有关室内照度的标准，如德国推荐几种额定光强，如酒店、公共房间为200Lx；商店的橱窗为1500～2000 Lx；学校、教室为400～700 Lx；室内健身房为300 Lx等。对于照度大小的测量方法，一般用照度计测量。照度计可测出不同波长的强度（如对可见光波段和紫外线波段的测量），可向人们提供准确的测量结果。

第五节 灯光照明的区域设置

照明设置的目的，首先是满足顾客观看商品的要求，照明既要符合顾客的视觉习惯，又要保证商品的展出效果。其次是运用照明的手段渲染展示气氛，创造特定的空间氛围。现代商场商品陈列照明不是仅依靠天窗和自然光取得，人工照明占据着重要的位置。人工照明的方式、方法也多种多样，视觉营销工作者和陈列设计师有很大的发挥空间。

在进行卖场灯光照明设置中，要考虑三个问题：眩光问题、商品照明效果问题、灯光的散热通风问题。如果照明光安排不当，会因反射而产生眩光，刺激顾客的眼睛，使顾客因厌恶而离开。橱窗灯光的设置则很少出现眩光问题，因灯光很少朝外，内打灯居多，一般都做隐蔽安排。而卖场内的情况就不一样了，试衣镜、各种装饰镜和精品柜的玻璃都会反射灯光，只要光源安排的位置和照射度角度不恰当，便会出现眩光。所以安排聚光灯的时候，往下照射的角度不得超过45°。

灯光照明还需要针对不同品牌定位和消费群体进行特定的规划设计。相对而言，快速时尚品牌店由于价位低，通常会采用量大、号全、快速的营销策略，这样一来就需要照度较高的灯光照明设计，可以在短时间内提高顾客的兴奋感，促使顾客快速进行购买的决定。在照明区域上则选择基础照明、大面积布光的设计。高端的服装服饰卖场由于价位高，顾客需要精挑细选，选择的时间比较从容，停留在卖场内的时间长，所以基础照明需要降低，而局部照明和气氛照明的灯光相对显得就非常重要了。

卖场照明区域的设置大致有以下区域：

（1）入口空间VP照明区——明亮，照度高，重点照明的商品色彩要鲜亮。

（2）橱窗空间VP照明区——灯具需要隐藏，两侧布光，顶部投射光，可调节。

（3）高柜货架空间PP照明区——漫射照明或交叉照明，消除阴影，可在柜体内货架中进行局部照明。

（4）试衣环境照明区——足够的亮度使色彩还原，温馨的基础照明，避免眩光出现。

顾客在选购服装商品时，往往要把商品拿到店面外去观看，想看一下在日照光或自然光下面料的色彩表现如何。因为他们有过这样的经验：在卖场内看上去很漂亮的物品，买回后看到的色彩却变了样。因此，商品的照明必须在亮度和色调上接近户外光或自然室内光，尤其是试衣环节中的照明显得尤为重要。

第六节　灯光照明的形式

在店铺和卖场内，按照演示陈列与展示过程中的照明功能，通常可将其分为整体照明、局部照明、板面照明、展台照明及气氛照明等若干种照明形式，每种形式都具有不同的功能和特点。

一、整体照明

整体照明即整个商店或卖场场地的空间照明，通常采用泛光照明或间接光照明的方式，也可根据场地的具体情况，采用自然光作为整体照明的光源，另外在重点演示区域做重点照明。为了突显商品的照明效果，整体照明的照度不宜过强，在一些设有道具和陈列设备的区域，还要通过遮挡等方法，减去整体照明光源的影响。在一些人工照明的环境中，整体照明的光源可以根据展示活动的要求和人流情况有意识地增强或减弱，创造一种富有艺术感染力的光环境。

通常情况下，为了突出系列商品的光照效果，加强商品销售区与其他区域的对比，整体照明常常控制在较低照度水平。在店面整体照明光源方面，通常采用槽灯、吊顶或直接用发光元器件构成的吊顶，也可以沿卖场四周设计泛光灯具。如图9-8所示，整个大卖场的黑色天花棚顶的照明作为整体照明出现，在各区域白色吊顶的边缘，用灯带照明的方式将各卖场区域划分清晰，也作为整体照明而设置。

图 9-8

二、局部照明

与整体照明相比，局部照明更具有明确的目的，根据演示展示设计的需要，最大限度地突出特殊商品，完整呈现商品的整体形象。对于卖场内不同的陈列空间，局部照明可采用以下方式：

1. VP空间展柜照明

封闭式的VP空间展柜，通常用来陈列比较贵重或者是容易损坏的商品。为符合顾客的视觉习惯，一般采用顶部照明方式，光源设在展柜顶部，光源与展品之间用磨砂玻璃或光栅隔开，以保证光源均匀。如陈列展柜是可俯视观看的矮柜类型，也可利用底部透光方式来照明，或柜内安装低压卤钨射灯。这样的话，就必须尽量采用带有光板的射灯并仔细调整角度，以减少眩光对顾客视线的干扰（图9-9）。

图 9-9 展柜照明

2. 聚光照明

如果陈列展柜中没有照明设施，需要靠展厅内的灯光来照明，通常用射灯等聚光灯来作为光源。采用这种照明方法时，必须保证展厅内的射灯位置以及角度适当，并且离展柜稍近些，同时调好照明度，减少玻璃的反光。在展示商品斜上方30° ~ 45° 的天花板位置上用聚光灯照射，被称之为伦布兰光线（45° 光线照射），从这个角度位置照射，可以形成商品明亮部分和背影部分，强调出了立体感并提高商品的质感（图9-10）。

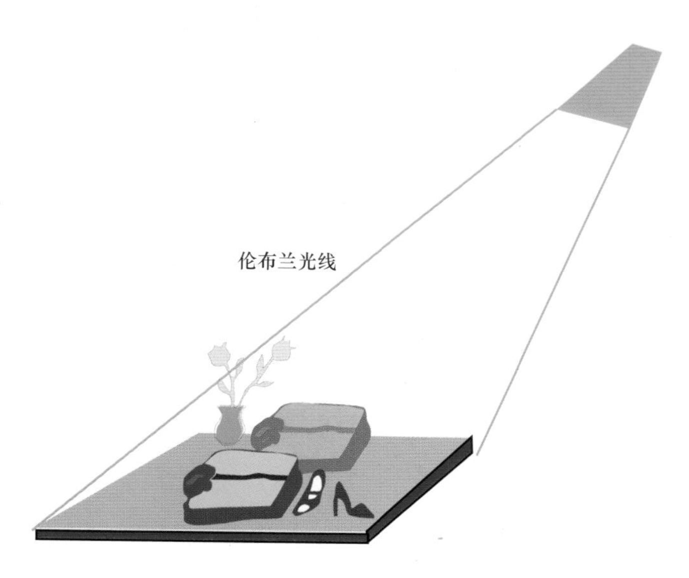

图 9-10 伦布兰光线

3. 板面照明

板面照明指墙体和展板（背景板）以及悬挂商品的照明，大都为垂直表面的照明，这类照明大多采用直接照明方式。一种在展区上方设置射灯，通常用安装在卖场天花板下的滑轨来调节灯的位置和角度，以保证灯的照明范围适当，并使灯的照射角度保持在30° 左右。另一种照明方式是在背景展板的顶部设置灯檐，内设荧光灯。二者相比，前者聚光效果强烈，适合绘画、图片等艺术作品或其他需要突出的商品照明，后者光线柔和，适合文字说明等的照明（图9-11）。

图 9-11　板面照明

4. 展台隔板照明

展台隔板上陈列着触手可及的商品，所以最好采用射灯、聚光灯等聚光性较强的照明灯具，也可在展台上直接安装射灯或利用展台上方的滑轨射灯。大多数卖场采用的是滑轨射灯。灯光的照射不宜太平均，最好在方向上有所侧重，以侧逆光来强调物体的立体效果。在一些大型的VP空间演示台中，在内部设置灯光来照明台面和人形模特模型，营造特殊的艺术气氛。如图9-12所示，展台隔板内的商品，顾客可以触手可及，也能借头顶上方的光源一看究竟。很明显，此处的光源照明采用在天花棚顶上设置聚光灯的方式，以30°～45°的角度投射到主打商品上，营造了特设的艺术气氛。

图 9-12　展台隔板照明

5. 气氛照明

气氛照明可消除暗影，在演示陈列中制造戏剧化的效果。它不仅可以照亮商品，还用来照射墙壁营造气氛，可以直接照射人形模特模型，还可以用来照射印有商品活动的平面广告。在橱窗内，气氛灯光可以制造出彩色光，造成戏剧性效果。在卖场内，气氛灯光可以使商品的陈列更具有特色。因此，气氛灯光要求亮度要大。

在商品陈列范围用气氛照明陈列设计要解决两个问题，即明暗问题和色彩问题。可以将从大自然的照射中观察到的现象和体会到的经验应用在陈列照明中。店面卖场的陈列灯光，大部分从上或从侧面照射，很少有像剧场那样用地灯照射，因为光从下往上照射，容易被陈列用具等装置或悬挂的服装等商品挡住并形成阴影。侧面照射，对家具类商品陈列比较适宜。

处理阴影是商品照明技术中的一个内容。通常当光照射人形模特模型的鼻子时，在面部或颈部便会产生阴影，当光集中在脚外侧照射，内侧会产生投影，这样的话，通常的做法就是对称用光，调节好角度，可以消减或消除阴影，背景和陈列的其他物件都能充分地表现出来。当然，在灯光的安排中，也可强调突出商品的某一部分细节，但要注意，灯光不应太多，否则产生太多投影，会破坏整个陈列氛围，达不到突出商品的目的了。

气氛灯光作为商品艺术照明中的一个内容，可以弄得像一弯明月也可以弄得像地中海的阳光，橱窗内用这种灯光效果，会对路过的行人产生很大的影响，使之产生好奇心去看个究竟。如图9-13所示，橱窗内除了精心设计的演示道具，还有精心设计的艺术照明，吸引路上行人驻足去看个究竟。

图 9-13 气氛照明

第七节 卖场内常用的照明灯具

卖场展示常用的光源灯具种类很多，陈列设计师要掌握基本的灯具功能和特点。

一、按照品种分类

1. 白炽灯

白炽灯即一般常用的白炽灯泡，具有显色性好、开灯即亮、明暗能调整、结构简单、成本低廉的优点，缺点是寿命短、光效低，在卖场中通常用于走廊等区域的照明。

2. 荧光灯

荧光灯也称节能日光灯，具有光效高、寿命长、光色好的特点，造型有直管型、环型、紧凑型等，是应用范围广泛的节能照明光源。用直管型荧光灯取代白炽灯，节电达到70%～90%，寿命长5～10倍；用紧凑型荧光灯取代白炽灯，节电达到70%～80%，寿命长5～10倍。

3. 卤钨灯

卤钨灯指填充气体内含有部分卤族元素或卤化物的充气白炽灯，具有普通照明白炽灯的全部特点，但其光效和寿命比普通白炽灯高一倍以上，且体量小，除服装卖场需要外，也常常作为射灯用于静态展览展厅、商业建筑空间、影视舞台等，缺点是工作时温度较高且有较强的紫外线射出，容易对商品本身产生一定的影响。

4. 低压钠灯

低压钠灯发光效率高、寿命长、光通维持率高、透雾性强，但显色性差，常常用于对光色要求不同的场合。

二、按照灯具的照明方式分类

1. 筒灯

筒灯外观简洁大方，直径大小尺寸多样，有嵌入天花板内的，也有直接悬挂的，筒灯可以平均进行光源分布。在卖场进行光源照明规划时，要精心设计好筒灯之间的距离。

2. 射灯

射灯是服装服饰卖场不可缺少的灯具，种类和光强度都不尽相同。射灯照度很强，可以用自由角度进行调节，但是自身热辐射也很高，所以安装时要注意和商品间保持一定的距离。

3. 轨道灯

轨道灯可安装于轨道或直接安装于棚顶或墙壁，既可解决基础照明，又可突出重点，是投射照明的最佳选择。

4. 灯带

灯带是指把LED灯用特殊的加工工艺焊接在铜

线或者带状柔性线路板上面，再连接上电源发光，因其发光时形状如一条光带而得名。

三、按照安装形式分类

1. 吸顶灯

按构造分类吸顶灯有浮凸式和嵌入式两种，按灯罩造型分类，吸顶灯有圆球型、半球型、扁圆型、平圆型、方型、长方型、菱型、三角型、锥型、橄榄型和垂花型等多种。吸顶灯在设计时，也要注意结构上的安全（防止爆裂或脱落），还要考虑散热。灯罩应耐热、拆装与维修都要简单易行（图9-14）。

2. 吊灯

所有垂吊下来的灯具都归入吊灯类别。吊灯无论是以电线或以支架垂吊，都不能吊得太矮，否则会阻碍人正常的视线或令人觉得刺眼。吊灯也是最具有装饰特点的灯具，设计上呈多样化和趣味性，按照材料和造型，也有着和服装多种多样的风格选择（图9-15）。

3. 室内壁灯

室内壁灯一般多配用玻璃灯罩，带有一定的装饰性。壁灯安装高度应略超过视平线，在1.8米高处为宜。壁灯的照明度不宜过大，这样更富有艺术感染力，壁灯灯罩的选择应根据墙色而定，如图9-16所示，卖场入口处的VP演示空间墙上，精心设计的两盏壁灯营造了休闲的氛围，与服装传递的风格保持一致。

4. 台灯

根据使用功能分类，有阅读台灯、装饰台灯之分。阅读台灯灯体外形简洁轻便，是专门用来看书写字的台灯，主要功能是用于阅读，装饰台灯外观

图 9-15　既有装饰性又有实际功能性的吊灯，从卖场天花棚顶悬垂下来，起到烘托卖场氛围的作用

图 9-14　店铺中天花棚顶上整体照明的长方形吸顶灯

图 9-16　室内壁灯

设计多样，灯罩材料与款式多样，灯体结构复杂，多用于点缀空间效果，与适合的环境相搭配，也是一件陈设艺术品，如图9-17所示。

5. **立式落地灯**

落地灯常用作局部照明，有移动的便利性，对于角落气氛的营造十分实用。落地灯的照明方式若是直接向下投射，则适合阅读等需要的活动，若是间接照明，则可以调整整体的光线变化。落地灯的灯罩下边缘应离地面1.8米以上，落地灯与沙发、茶几配合使用，可满足房间局部照明和点缀装饰环境的需求。如图9-18所示，卖场内没有沙发等日用品，只是借用了立式落地灯优美的造型与卖场中岛陈列用具相呼应，营造出商品优雅的气息。

6. **槽灯**

槽灯也叫做灯槽，是隐藏灯具,有改变灯光方向的凹槽。槽灯是一个灯或是一组灯形成灯带，可以

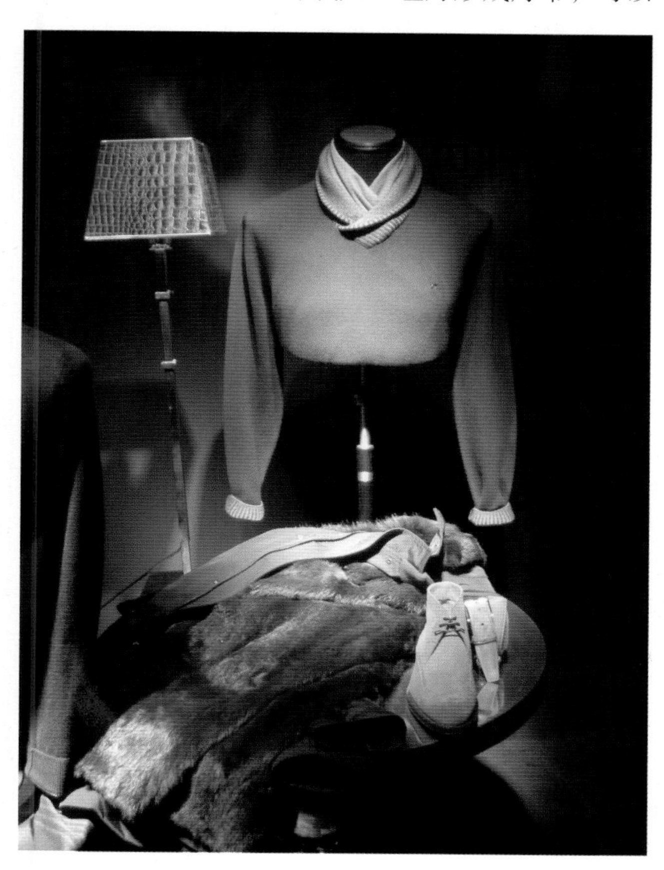

图 9-17　VP 演示空间陈列中的台灯并没有功能性，而是借助于灯罩质地和色彩，与陈列的服装视觉统一在一起，起到了陈列道具的作用。黄褐色的皮质里衬使商品充满了高贵感

图 9-18　立式落地灯

是多个或多组形成的灯带，皆用于天花棚顶和墙壁连接处。槽灯照明有扩展视觉空间，强调空间轮廓的作用，可形成强烈的立体空间效果。如图9-19所示，在天花棚顶和墙壁连接处的槽灯，将光带隐藏在灯槽内，具有鲜明的轮廓和立体空间的效果。

图 9-19　槽灯

7. 霓虹灯

霓虹灯是夜间用来吸引顾客或装饰夜景的彩色灯。霓虹灯是由玻璃管制成，经过烧制，玻璃管能弯曲成任意形状，具有极大的灵活性。通过选择不同类型的管子并充入不同的惰性气体，霓虹灯能得到五彩缤纷的光。如图9-20所示，霓虹灯多用于户外，除了能吸引顾客还能装饰夜景，有提升建筑形象的功用。

图 9-20　霓虹灯

小结

本章系统介绍了服装服饰卖场通过照明的巧妙布光，使商品变得更富有魅力、卖场显得更生动有活力。作为一名视觉营销工作者、陈列设计师，必须要熟悉店铺卖场内如何用光，在掌握了卖场内各区域照明光源的设计后，还要根据所服务的品牌定位、消费群体进行照明设计。总之，光是空间设计中一种非常重要的视觉传达媒介，陈列设计师可以通过特殊的照明组合、不同的色光照明、动态的光影投射来渲染不同的空间氛围，创造丰富的卖场空间变化，营造特定的情调。

思考题

1. 卖场灯光针对商品和顾客分别有什么作用？
2. 灯光照明的基本要求有哪些？
3. 如何处理布光后人形模特模型留有的阴影？
4. 卖场内常用的灯具有哪些？

案例研究

根据所学，在图9-21中找出照明有问题的地方。

问题讨论

针对以上每一张图片，讨论如何调整光源，使人形模特模型或商品更加富有魅力。

练习题

访问一个百货商场内的服装卖场和高档服装品牌专门店，调研以下内容，做出文字分析：

1．基本照明和重点照明之间照度差异如何？
2．重点照明的照射光线角度如何？
3．照明风格和卖场服装风格是否要一致？为什么？
4．卖场照明灯具用了哪些种类？

(a)

(b)

(c)

(d)

图 9-21　案例图片

Merry Christmas
SALE
MERRY CHRISTMAS

第十章 视觉营销（VMD）的陈列企划与管理

【本章学习要点】

通过学习本章，能够了解：

（1）陈列企划如何开展

（2）如何进行陈列情报信息的搜集；

（3）陈列管理与相应制度的设定；

（4）陈列手册对企业管理的重要性；

（5）如何履行陈列企划。

任何品牌店铺都有实现销售目标的实施计划。为了成功销售，都要根据品牌经营战略、市场现状以及商品和消费趋势等进行视觉营销与实施。视觉营销是实现销售计划的重要环节，没有明确的销售计划，也就不可能有具体的商品促销计划，更谈不上陈列了。视觉营销战略中的陈列企划和管理就是把商品销售的概念视觉化，以商品的陈列提案来形成卖场的空间构成，把所有视觉性陈列要素有计划地展示出来，是传达商品信息的一种手段。企划是一种行为之前的计划或战略，既对行为过程实施控制，又对于过程因素进行自身调整。企划不仅是文本，更是行为；不仅是开端，更是过程。这样的过程想实施成功，必须要有一支优秀的团队进行各种分项工作，从规划提案到陈列费用预算；从主题创作到陈列设计；从陈列手册制订到执行……总之，零售企业需要有一群优秀而专业的人进行陈列企划和陈列管理工作，才能达到真正意义上的视觉营销的成功。

第一节 VMD中的陈列企划

视觉营销工作者从销售的立场出发，介绍新产品，告知商品的使用方法、价值等，引导消费者美好的购买欲望。通过一系列的演示手段，将销售信息以情节意境设计传递放大，有效提高企业品牌的宣传效果和认知力度。通过创造优秀的销售环境，不仅能提高品牌形象，赋予与其他竞争品牌间的形象差别，还能给予消费者快乐的购物体验。这些都是视觉营销工作者通过进行VMD陈列企划实施完成的。视觉营销VMD中的陈列企划可以通俗地理解为通过经营策略和视觉形态间的技术协调合并组成新文化空间的销售手段。

一、陈列企划的基本要求

视觉营销工作者必须要熟知自身企业的文化和品牌发展目标；产品与顾客；销售和竞争对手，必须要明确店面卖场理念，明确消费者群体定位，明确商品销售目标，明确视觉化陈列的运行与组织管理工作。当前，很多零售企业以年或者季度制订相关计划，有提前一个整年度的陈列企划，也有提前半年或一季度的陈列企划。通常，陈列企划的制订和新产品研发的时间同步，企划和执行实施的时间长短，要根据企业自身的商品周期、店面数量、物流配货等来制订。随着零售市场激烈竞争和消费需求的快速变化，顾客对商品新鲜度的“保鲜力”越来越短，品牌要通过周密的陈列企划、精细化的陈列管理，才能达到视觉营销战略的成功。

二、陈列情报信息搜集

对目标和潜在消费者定位，要通过市场情报信息的搜集，用调查分析的方法做出正确的定位判断。陈列情报信息的搜集是开展陈列企划前非常重要的工作。表10–1列出了进行企划之初要进行的调查项目及分析。

表10–1 针对竞争品牌的陈列情报信息调查项目

调查类别	调查项目	项目分析
卖场构成	VP空间，PP空间，IP三大空间的整体布局如何	三大空间中的布局与陈列用具道具等相关商品组合情况
商品配置	卖场商品的配置、数量如何	按品类或是按色彩？主打商品品类有哪些
商品演示	VP演示空间，PP展示陈列空间的位置如何？ 当季主题是什么	人形模特模型演示效果如何？商品款式、色彩如何配搭 主题带来的联想与购买欲望如何
商品陈列	陈列方法有哪些？	是否使用创新的陈列方法
人形模特模型	卖场内所有的人形模特模型使用现状	人形模特或半身模特模型数量与着装款式风格如何
演示道具类	卖场内所有的演示道具使用现状	使用位置、材料、规格等设计要素，创意与主题是否一致
平面广告POP等	使用种类及内容调查	整个卖场内容与卖场商品陈列信息是否统一
照明	卖场内商品展示照明效果 照度氛围现状	照度、照射方向及位置如何 重点照明焦点照明如何
陈列用具与展示设施	陈列用具类别与材质	各类陈列用具和商品之间的陈列方式、货量多少状况如何
橱窗	橱窗的构成 橱窗的创意设计 橱窗内演示的商品	橱窗构成如何 橱窗的创意设计如何 橱窗内演示的商品与设计主题如何
服务	导购及销售员的行为举止 应对顾客的方法	整体形象着装效果如何 服务顾客的态度和意识是否到位

三、陈列企划的流程

视觉演示与商品陈列是不能一劳永逸的，需要根据不同季节、时间段、主题变化进行连续的计划性工作才能够完成。制订陈列企划并切实执行完成，是店铺卖场长期维持统一形象、保持常新的视觉水平的重要措施。陈列企划的开展，依据时间的流程分为计划、执行、善后三大阶段工作。每一个阶段中，又分为计划、实现措施与实行三方面不同的工作。

1. 陈列企划的三大阶段

图10–1所示为陈列企划的三大阶段。

（1）计划阶段。计划阶段要制定出商品陈列计划方案。为了让计划者、实行者能够很好地执行计划，陈列计划制定一定要有明确的主导思想，要达到认识上的统一，而且要以文字的形式形成文件，便于执行阶段过程中作为依据检查。

（2）执行阶段。执行阶段是将计划付诸实行的阶段，按照时间、地点、人员进行安排，并将每一步工作责任到人，进行层层跟进，按照计划的要

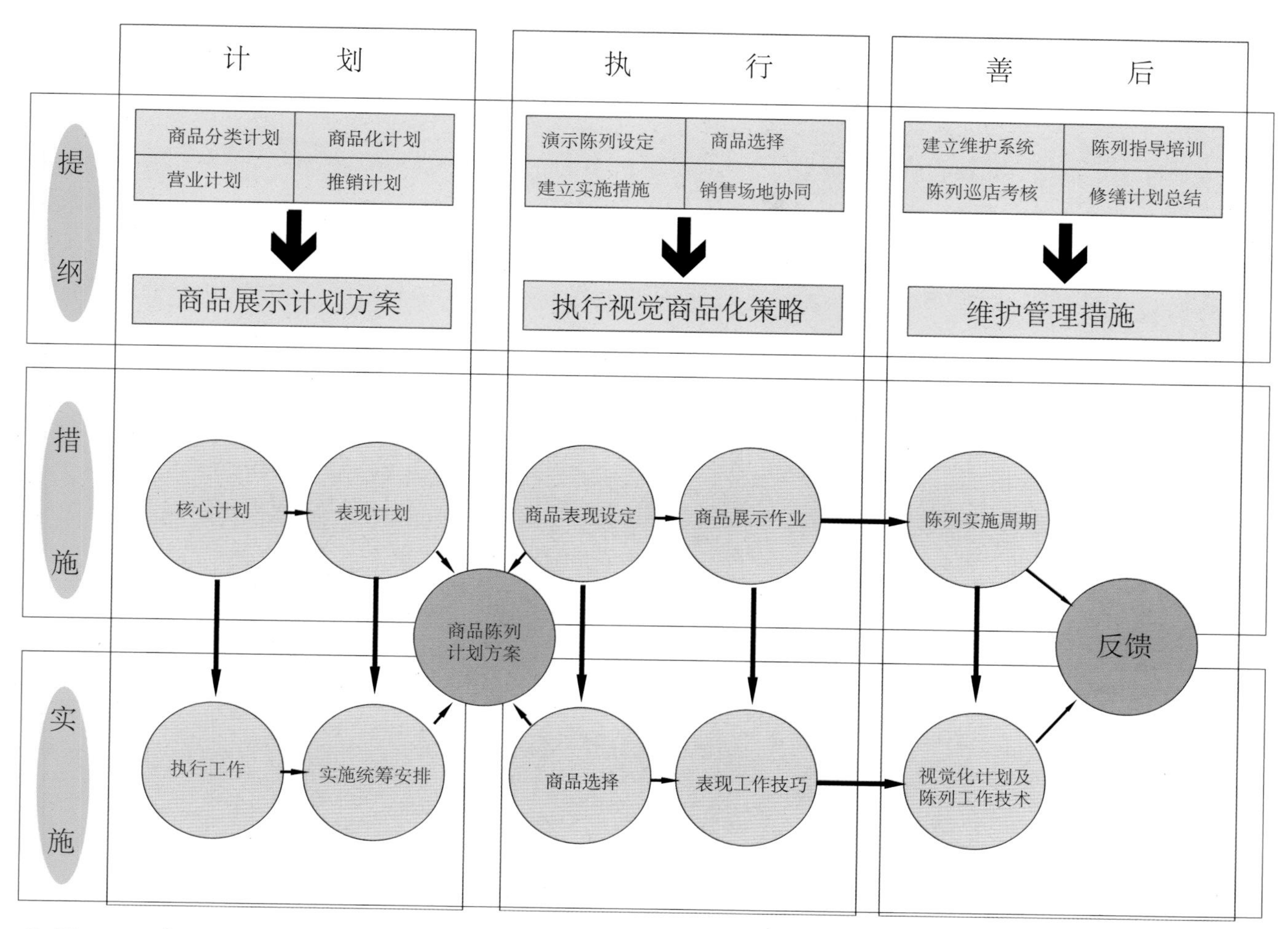

图 10-1 陈列企划系列设计的流程图

求认真完成每一个分阶段工作。

（3）善后阶段。善后阶段需建立管理与维护系统，并确实执行。做陈列计划总结时，要将执行中发生的问题反馈在善后总结阶段，为下一次提供经验与参考，以便在制订新计划时能更加完善。

2. **陈列企划的设计流程**

陈列企划工作有着自身细致周密的设计流程。

（1）商品配置计划。按照商品系列、季节主题、重点促销类别等分类，计划出商品在卖场区域三大空间的位置和数量的配置计划。

（2）动线通道规划。依据消费者习惯，从卖场外引导顾客到卖场内的每一个区域，并根据不同的主题设计出相应的顾客动线以及各通道尺寸，同时设计好服务动线。

（3）公共设施配置规划。根据各卖场和楼层商场之间的人流动向、对卖场内外的公共设施的安全出口、逃生出口以及灭火器材等各种配套设施的配置规划。

（4）内外装潢计划。新店开业、旧卖场改造以及维护修理等，这些都要制定装潢计划。

（5）照明计划。卖场照明计划包括各卖场环境照明、重点照明、装饰照明的设计计划以及灯具数量投入、照度分布、空间格局计划，还有用电量计算。

（6）陈列用具和演示道具配置计划。针对主题陈列对卖场陈列用具以及演示道具的数量配给，制定计划。

（7）色彩视觉计划。以企业CI标识色为基础，延伸店面卖场重点色彩和装饰色彩，并按照每季重点产品系列色彩，进行陈列色彩陈列计划。

（8）标识广告计划。卖场内外各种品牌标识、商标吊牌、包装纸、包装袋、店内POP、展示台、灯箱形象主图、产品宣传画册等计划。

（9）对各项计划进行审查。针对以上各项计划的细节进行核查，在实施执行前发现问题应及时改进调整计划，将执行的缺失降到最低。

（10）确定最终企划案　根据以上内容，确认设计的构思、理念和计划内容，并着手进行执行阶段工作的开展。

四、陈列企划的重点商品实施计划

对于服装服饰业来说，要不间断地把精心研发设计的商品在最适宜的时间和最醒目的空间中，以最充足的库存量和最吸引顾客的方式在卖场中展出销售。所谓重点商品，是指当前最畅销的商品、季节商品、新商品，即电视、报纸、杂志等媒体大力宣传的商品。要想有效地了解重点商品，可以根据上一年度每周各卖场的销售数据进行销售额和销售数量的排序。通常在这样的排序中，有一个共同的规律，也就是人们常说的“二八规律”。排名前20%的品类商品占各部门销售额的80%以上，因此要认真研究这20%的品类，将其当做重点商品加以管理。

进行陈列企划，可以按照全年52周来进行。根据全年的销售计划，确立陈列展开方向和陈列主题的设定。视觉营销者可以按照季节、节日（表10-2）来制订时间计划。以周作为时间单位，会使计划实施更细致，执行起来更清晰。

表10-2　陈列企划的节日参考

时　间	节　日
1月1日	元旦
2月14日	情人节
3月8日	国际劳动妇女节
5月1日	国际劳动节
5月4日	青年节
5月第二个星期日	母亲节
6月1日	国际儿童节
6月第三个星期日	父亲节
农历7月7日	中国七夕节
9月10日	中国教师节
10月1日	国庆节
10月31日	万圣节
11月第四个星期四	感恩节
12月24日/25日	平安夜／圣诞节
农历正月初一	春节
农历正月十五	元宵节

五、陈列企划的费用预算

在陈列预算中，要计划投资和利润的配比，以高利润为目的进行陈列企划并执行，这样才会提高陈列的效率，完成最大利润目标。因此，预算要以全年计划为基础，合理地控制各店支出金额，可根据单店面积与月销售额进行预算投入，以销售业绩完成结果来评价（表10-3）。

表10-3 陈列企划项目预算表

项目名称	拟定实施内容	旗舰店	各单店	总金额
基本展示	以橱窗为始，VP空间、PP空间部分的全年基本展示费：新年、春季、初夏、夏季、秋季、冬季、圣诞节等			
特别活动	针对销售旺季的展示费：新年、入学、毕业、情人节、儿童节、父亲节、母亲节、教师节、假期、中秋、大削价、企业、店铺纪念日等			
人形模特模型租赁及采购	定期租赁或特别展示的出租、采购费			
演示劳务	支援连锁店展示及季节展示、特别活动展示			
陈列用具开发及制作	为了商品陈列演示而开发的各种陈列用具和演示道具的费用			
演示道具开发及制作				
POP开发及制作费				
图书及材料采购	图书及各种关联资料的收集			
印刷制作	宣传用品、手册、新闻情报制作			
培训费	用于外聘和内训的培训活动			
调查、研究费	市场调查、情报收集、分析、管理经费			
出差费	参加国内外展览会、巡视全国代理店的出差费			
会议费	内、外会议经费			
交通费	开展业务的国内交通费			
预备费	开展各种业务的预备费			

第二节　陈列管理的基本内容

众所周知，服装服饰是一个发展很快的时尚产业。有效率的管理和卖场间的协调是品牌运营中最重要的因素。“营造销售氛围”、“商品管理与创新”、“提升服务质量”作为经营核心，对消费者的购买决定发挥着重要的影响力，具有极其重要的价值。品牌卖场除了应对商品、人员等进行必要的管理外，对陈列也需要管理。

卖场内的商品属于有形的展售服务，如果给顾客的感觉直接而生硬，管理不当将会导致卖场秩序凌乱，库存滞销比例增大。当前，一些品牌卖场服务已经不是只向顾客说问候语、迎来送往的呆板形式了，而是建立在陈列服务的基础上，以陈列管理来规范店面视觉形象的塑造已成为卖场服务的首选，其次才是真诚的问候以及为顾客服务过程的实施，以此赢得顾客满意。陈列管理的基本内容包含以下三个方面：

一、开店卖场的陈列管理

结合企业需求，要相应地建立一系列陈列管理制度，包括橱窗陈列实施管理制度，展示道具使用、物流、维护管理制度，服装、服饰陈列方案执行管理制度，陈列信息档案管理制度，日常业务和执行奖惩制度，陈列培训开展与绩效考核制度等。尤其是在新开店和新卖场的运营陈列中，陈列设计师要充分了解各种陈列管理事项，以便根据完成进度进行陈列管理评估和考核。

1．开店一周前的管理事项

根据视觉营销部门提供的陈列用具和演示道具配发资料表进行检查，收到的物品要与提供的数目符合。收到陈列用具和演示道具后应及时检查是否有损坏；核对新开店的形象主图、装饰画的内容和数量，及时根据企划提供的资料核对内容以及新卖场安装对应的尺寸是否符合；如有问题需要立即联系区域陈列负责人，弄清责任并以最快的速度解决问题。

2．开店一天前的管理事项

检查卖场区域卫生是否清理完毕，店内灯光是否全部正常，形象主题灯箱的灯光是否正常，配发的陈列道具是否按照陈列手册的要求摆放正确；检查服装是否按要求熨烫完毕，是否陈列出每个区域相对应的饰品，手袋是否调整好并装上填充物。选择合适的位置摆放庆祝鲜花，调整商店内灯光，确保灯光能够照射到商品上。

二、陈列管理评估内容

表10–4所示为针对卖场的陈列管理评估内容。

表10–4　卖场陈列管理评估内容

类别	检　查　项　目
橱窗VP空间、卖场内VP空间、PP空间	橱窗陈列是否正确，衣服、配饰、演示道具是否遵循要求操作，橱窗内展示的商品是否按橱窗手册操作，陈列效果与手册是否一致
照明光源	店内灯光要均匀分布，全部以货品为重点的照射对象要符合手册要求，三大空间陈列区域照明要适当，重点商品照明要突出，角度要正确
服装商品、配饰	货品无破损、无污渍、服装配饰正确地按组陈列摆放。挂装陈列款式丰富，上下装可搭配。折叠陈列的货品外观和数量都要符合陈列手册要求。手袋陈列组合要丰富，和服装配搭的造型要生动、有美感
陈列用具与道具	陈列用具与演示道具的使用要参照陈列说明。检查破损、过期用具是否入库，道具使用是否正确适宜
人形模特模型	人形模特模型按造型手册着装。表面无破损掉漆现象，演示服装穿着号型适合，用珠针适当定型。VP空间中的人形模特模型摆放位置要安全合理，人形模特模型之间按一定角度摆放，假发、配饰等细节要到位
试衣间	座椅、挂衣钩、试衣镜、梳子、拖鞋、高跟鞋等无破损且干净整洁
收银台	台面干净无杂物，无店员自身物品。文具、纸张、销售报表和票据等整齐放置在抽屉中
备注事宜	

企业根据此表列出的内容可自行设置分数，制订出评估考核管理的标准，具体注意事项如下。

（1）评估计算标准。设定评估计算标准，可依据分数制订管理措施。例如80分（含80分）以上为通过，低于80分为整顿待查，设置时间期限后再进行评估。如果连续两次评估在80分以下，将有一定的奖惩和相应处罚措施。

（2）建立周、月、年陈列评估管理文档。各卖场陈列设计人员每周将评估成绩存档记录，并由卖场店长和区域陈列人员签字确认。

（3）视觉营销总部将各卖场存档巡店记录作为今后绩效考核与奖惩的依据。

三、陈列管理手册的制订

一名专业的陈列设计人员在完成一个陈列方案后，要想将创意理念融入主题场景，将商品信息与演示故事传递给消费者，就必须要把设计的方案以最准确、最及时、最有效的方式落实到所有店铺卖场。所以，制作一份陈列手册给店面卖场相关人员执行，也是陈列管理一项重要的工作。

1. 陈列手册的作用

卖场通过不断的规范管理和相应制度的执行而提高自身的销售业绩和管理水平，会不断地带给消费者满足感和新鲜感。卖场运营环节中，店铺人员对于陈列工作的开展，可被看做是卖场管理工作的持续，这点对于一线销售人员是非常重要的理念。陈列手册是标准化管理的一种形式，它将公司关于终端卖场视觉效果的定位和操作标准以手册的形式进行推广和传播，是品牌零售运作过程中用于视觉营销管理的有利工具。它的目标是传递陈列业务信息，用于指导卖场员工按要求执行陈列和维护工作，也有一定的远程管理和培训推广的功能。

2. 陈列手册的形式

陈列手册按时间制订大体分为春夏（S/S）和秋冬（F/W），也可根据商品研发生产情况，分为半年或者季、月、周等，以此，迅速将信息传达到卖场。手册的形式可以分为印刷品和电子文档，如果是按商品系列主题制作的陈列手册，因商品回转率快，出现断货或主题商品色彩或号型不完整时，企业的视觉营销部门可用网络或传真来传达手册信息。

3. 陈列手册的分类

按照功能进行分类，陈列手册一般可分为标准手册和指导手册两种。标准手册由企业统一制订，简单易懂，图文并茂，主要为卖场陈列工作提供标准的规范性的要求，并且与公司的绩效管理系统结合，有对应的考核检查内容。而指导手册是根据商品上市周期和品牌市场活动主题而制订，可以快速为应季重点商品或主题市场活动等提供视觉执行的范本。

陈列标准手册的内容一般包含品牌基本的陈列目标和陈列原则介绍，是针对销售人员的，即使是初学者也能够参照使用，同时有相应的陈列内部培训课程辅助，可以说是所有店铺人员都要配备的。陈列指导手册是用来指导应季重点商品、新品和企划活动的陈列要求和陈列方式，也用来指导特殊商品的陈列。陈列手册与商品入店周期或活动时间同步发放，同时根据商品和市场变化周期按时段制订，具有一定的针对性，一般为专业陈列人员使用和操作使用。

4. 陈列手册内容的制订

在陈列手册中，企业陈列理念、陈列用具展示设施使用说明、陈列原则和陈列维护是关键的内容。陈列用具展示设施的使用说明与维护，是陈列手册的基本核心部分，也是一项细致和繁杂的工作。为了保证店铺卖场根据陈列用具的情况进行标准化操作与维护，所以手册中应以每一件陈列用具为对象进行图文说明和陈列演示。无论是使用文字说明还是平面图和照片，目的都是想让手册的使用者直观地了解操作方法。通常，基本的陈列手册要包含以下内容：

（1）封面和封底；
（2）目录索引；
（3）公司陈列目标；
（4）展示设施陈列用具使用说明；
（5）展示设施陈列用具的保养；
（6）陈列原则和规范；
（7）陈列维护注意事项；
（8）其他相关资料。

第三节 陈列实施与执行

终端卖场的陈列实施与执行，就是将各种规划的项目内容以具体的工作开展起来。即便是科学合理的企划案，如果没有认真实施与执行的话，也是停留在纸上的方案而已。所以说，品牌卖场成功的视觉营销决胜在实施和执行的环节里。在完成了整体的形象、主题、理念、设计等系列的企划方案后，下一步就是具体化的作业和准备工作了。陈列实施前，首先要把确定的设计方案中所有的陈列要素：人形模特模型、陈列用具、演示道具，进行确认，再将数量、各卖场空间的全部实施条件以及环境状况，以文字、数据和图片资料的形式备齐。

一、陈列实施工作跟进

表10–5所示为陈列实施工作跟进流程。

表10–5　陈列实施工作跟进流程

实施工作初期	陈列设计人员拿到陈列企划案后着手进行案头设计：对展示的目的或内容；场所的环境、条件、方向性等展开对商品的形象目标的考虑，制出彩色卖场陈列效果图与施工CAD图
	如果与设计外包公司一起设计方案，要理解好企划方案
实施工作中期	经部门审核确定设计方案后，整理陈列设计方案中的实物项目和道具数量，进行订货或制作。在制作途中（含样品确认时）若有修改的地方，在本阶段快速进行调整，包括陈列预算
实施工作后期	按陈列企划的时间，将施工作业监理直到验收合格完成，进行接收使用。陈列人员按照陈列企划的每一项计划要求和各部门之间协调衔接，顺利执行

二、制订陈列工作日历

在陈列实施过程中，相应的内容有各季节活动、陈列计划、新店装修以及旧店维护的日程安排。陈列执行人员要将陈列企划的内容贯彻到实施工作中。为了按时完成企划任务，可以根据具体内容制订陈列工作日历表，管理监督工作进程。表10–6所示为某品牌陈列部门制订的陈列工作日历。

表10–6　某品牌某一月份的陈列工作日历

周一	周二	周三	周四	周五	周六	周日
2	3 制作VMD陈列设计稿	4 制作VMD陈列设计稿	5 制作VMD陈列设计稿	6 交付VMD陈列设计初稿	7	8
9 修改VMD陈列设计稿	10 修改VMD陈列设计稿	11 交付最终VMD陈列方案	12 确定样品制作、报价等事宜	13 采购制作小样品材料时间	14 小样品制作时间	15 小样品制作时间
16 小样品制作	17 小样品制作	18 交付品牌VMD陈列小样品、报价、合同等	19 等待反馈意见	20 签订制作合同	21 陈列用品制作、采购	22 陈列用品制作、采购
23 陈列用品制作、采购	24 陈列用品制作、采购	25 陈列用品制作、采购	26 品牌店陈列道具的陈列与安装	27 品牌店陈列道具的陈列与安装	28 品牌店陈列道具的陈列与安装	29 主题陈列设计完毕，拍照留档
30 主题陈列设计完毕，拍照留档						

第四节　陈列实务操作详解

视觉营销陈列工作者都希望通过陈列企划和管理，让陈列规范与要求快速有效地贯彻到终端卖场，以达到企业所制订的统一视觉形象。本节会将陈列企划案例的陈列实施和执行工作以不同分类和图例进行详解。在这些各种各样的具体实务中，如果视觉营销陈列企划工作没有得到认真执行的话，那么陈列工作就没有丝毫意义可言，也会极大地浪费前期企划阶段的各项工作。

在笔者参与的某男装品牌全年陈列企划案中，12月份的圣诞节过后，紧接着就是跨年度的元旦和传统节日春节的到来。年末岁尾的每个节日对零售商家和品牌企业而言，都是重大的销售商机。而春节过后，新品上市企划方案也要马上执行，所以，很多零售商家和品牌企业都把从圣诞节、元旦开始的几个节日捆绑在一起制订商品销售计划和陈列企划。在此期间，利用多种活动与精致的陈列方式推出企业文化，提升企业品牌形象，强化企业品牌知名度，巩固品牌忠实度，从而提升品牌业绩销量。

圣诞节是西方的传统节日，可以与中国的春节媲美。在这样一个让人感到温暖、幸福并可以尽情狂欢的日子里，结合品牌自身形象，摒弃了传统的圣诞树道具，而将具有艺术感和形态感的“圣诞树”作为演示道具，应用在橱窗和各卖场之中。在该案例中，由于旗舰店橱窗高大，除了本地区各店还有全国各地的店铺，不仅要考虑物流包装坚固还要考虑长途物流的安全性。所以圣诞树采用了两面斜插型设计，其高度根据各卖场的VP、PP空间区域精心设计，使品牌的节日形象有别于传统造型。圣诞树道具的设计也结合了该品牌男装大气、内敛的特点，线条凝练，造型简洁，见图10-2～图10-5。

对于圣诞节日主题的陈列，不同品牌、不同服装风格的视觉陈列效果也不同。图10-6、图10-7所示，为笔者参与设计的另一大男装品牌2010年圣诞节和新年的陈列实施图例。

图 10-2 橱窗陈列圣诞树效果图

图 10-3 橱窗陈列圣诞树实景图

(a)

(b)

(c)

图 10–4　卖场内陈列圣诞树实景图

图 10–5　圣诞树道具包装配送各卖场

图 10–6　圣诞节主题卖场陈列设计效果图

(a)

(b)

(c)

图 10-7　圣诞节主题卖场陈列实景图

第五节　视觉营销VMD的三大“活动”精髓

现代社会人们的消费水平越来越高了，不再是为了购物而购物，而是将生活方式融到了消费中来。现在，以健康、趣味、艺术品位、愉悦心情为出发点来到商场进行体验式消费的顾客越来越多了，置身于店面卖场，人们对环境的感官要求和舒适要求也越来越高。视觉营销VMD的商品陈列可以大大增强商品自身的展示魅力，使商品和环境融为一体，形成深入人心的视觉冲击，对顾客的购买欲望有着举足轻重的调动作用。

当前，由于白热化的服装服饰品牌市场的竞争，千篇一律的店面卖场设计已经不能表现品牌独有的特征了。店面卖场顾客的动线、陈列用具设施的高度、照明的照度、人形模特模型的表情及动作都能赋予品牌形象和思想，都有提高销售的作用。因此，作为店面卖场，不能因为强调特定的装修风格或陈列道具的流行，就不管品牌要传达的理念和内涵。塑造品牌应从文化入手，视觉营销VMD是不会在短时间内决定胜负的，必须从提高品牌认知度方面开展工作。

众所周知，店铺卖场是买卖商品的地方，其实，店铺卖场还应该是“卖店”（销售店铺形象）的地方。若顾客对店铺的印象不深、不好，就不能走进店内，再好的商品也被忽视掉。视觉方面的一切企划，最终说明的并不是单纯的“物”——商品本身，而是“物”所具有的价值和意义。因此，把握“物”与生活方式的关系，这里面就存在着“物”的商品化策略的问题。而商品化策略，就是运用视觉展示手段来执行商品销售策略，这就是视觉营销VMD的核心。以遵循品牌精神为中心而展开的多元化的陈列“活动”，对顾客起到的作用是巨大的，它可以影响顾客对品牌的接受度和亲近感。这些多元化的陈列“活动”可以分为主题活动、销售活动和文化活动三个方面。

一、主题活动

主题活动，可以理解为让顾客多来卖场逛逛走走的活动，也就是要求店铺卖场经常保持崭新感，它体现在商品的活力、流行趋势、潮流风向、塑造形象等，这些都是顾客来店铺卖场的期待。要做到这一点，视觉营销陈列工作者要经常捕捉市场需求、顾客心理动向等变化因素。主题活动不限于眼前已有的题材，也可以有店铺卖场自己的题材，像“会员周年纪念”、“开店周年庆”、“顾客答谢日”等都属于这类“运动”范围。无论设定怎样的主题，在视觉展示方面都要重点表现并与设定的陈列企划视觉统一。

二、销售活动

以商品销售为目的的销售活动，是及时说明所需的商品（价格、品类、号型）唤起顾客购物欲望。通过各种销售活动打破呆板单调的销售作风，给售卖经营注入活力，配合商品流行周期，采取适当销售措施，像“减价热卖”、“商品推介会”、“搭配我在行”、“卖场商品秀”等都属于这类活动的范围。送“赠品”是很多零售企业、商家经常用到的一种刺激消费的“活动”。赠品要讲究实惠，应选择那些适合于人们生活的物品。赠品促销也不能简单罗列，应该组织成商品化主题，通过和商品一起展示而取得一致认同的观感。

三、文化活动

文化活动的目的是提高品牌卖场形象，卖场状态，以及服务水平，从侧面支持了动员活动和销售活动。旗舰店、专卖店强调的是品牌的价值和商品附加值，文化活动对品牌店尤为重要。这样店面卖场的整体形象就如同“物”，视觉营销工作者要将“物”以视觉效果展示，把品牌内涵、文化认同的“意”打造出来，让顾客置身品牌文化价值的气息环境中，有利于品牌的认知度植入。服装服饰是表现个性的商品，具有较强的文化性、精神性，所以，很多品牌店进行“时装展览”、“文化艺术秀”、“潮流宣传周”、“时尚文化讲座”、“VIP顾客主题沙龙”或者是一些与地方风俗有关的活动，都属于文化运动这一类。

以差别化为基础，从视觉营销VMD的整体企划到成功地开展实施，要完善细节的管理，才能最终完成销售目标。在视觉营销VMD陈列企划中必须有所创新，这种创新来自于深思熟虑和创意灵感的交织，以深厚的文化为积淀，进行差别化的设计构思与创造才能使卖场商品处于鲜明的视觉中心点上，很好地突出商品自身的艺术情调和品位，继而提升品牌文化精神。

小结

本章系统介绍了陈列企划与管理，使学生了解进行企划所要做的各种前期工作，以及对竞争品牌进行陈列情报信息搜集，如何制订陈列成本预算的详细计划。同时，应根据企业品牌自身要求，制订陈列制度进行陈列管理，以此来增强效果获得利润。对于陈列实施和陈列执行，从案例中得到了解。通过本章的学习，可以使服装陈列设计师打开思维，以进行差别化的设计构思开展视觉营销商品陈列工作。

▶思考题

1．陈列企划工作包括哪些内容？
2．陈列预算的项目内容有哪些？
3．陈列手册有哪两种功能？
4．针对视觉营销在零售企业中的重要性，谈谈你的看法。

案例研究

某品牌陈列指导手册详细地向陈列设计人员介绍了品牌卖场的陈列规则、店铺形象维护、陈列管理等，其内容如下。

陈列指导手册

一、前言

手册制订是为了维护店铺形象，确保店铺陈列标准规范，明确陈列规则， 从而达到促进销售最大化的最终目的。

二、陈列目的

（1）树立品牌形象；

（2）搭配展示货品；

（3）提升销售。

三、陈列规则

1．壁面陈列

壁面陈列模式由隔板、IP空间挂架、VP空间半身人形模特模型、PP空间正面展示和海报组成。壁面PP空间正面出样要中心对称，以一种颜色做正V字对称陈列，或者中心对称、半长款展示、中间加海报。货量较大时,可采取一侧加IP空间挂架的形式，但此形式视觉构图不平衡，需谨慎使用。

（1）颜色：

①颜色交叉对称，注意深浅色对比度；

②颜色组合不得超过4种；

③相近颜色不得同时陈列（如本白与奶白）。

（2）货品类型及主题：

①货品主题风格保持统一；

②款式陈列要采取对称的形式；

③壁面保证上下装、薄厚装的平衡展示；

④皮衣和羽绒服不得出现在一个壁面。

（3）搭配：

①对一些款式，如五分袖、七分袖、低领衫、高领衫都要采取套穿的形式展示；

②货品陈列注重搭配，上下装、薄厚装；

③秋冬季节的外套，如羽绒服、皮衣等一定要以套穿的形式展示。

（4）IP 空间挂架：

①主题统一，与壁面主题一致；

②颜色不得超过4种，与墙面色彩组合一致；

③货品件数不得少于3件；

④按照上装+下装的陈列方式，IP 空间挂架两侧要以上装结尾；

⑤壁面有两个IP空间挂架时，其形式要保持一致；

⑥IP空间挂架中款式不得小于5款、大于10款（注意不要太拥挤）；

⑦每件货品的件数尽量相同，保证色块整齐；

⑧注意IP空间挂架两边的货品颜色不要与邻近的正面货品颜色重复。

（5）隔板规则：

①隔板与隔板之间要间隔5个孔；

②IP空间挂架上最多可罗列2块隔板；

③隔板上陈列的折叠服装要与周边正挂的服装色调统一；

④隔板之间可陈列折叠服装或与服装相配搭的服饰品。

2．中岛陈列

（1）中岛陈列架：

①一字型——重点展示同款不同色的货品，系列感更加突出，每款货品不少于3件。

②十字型——统一主题,颜色不得超过4种，色彩交叉对称，有上下装及薄厚装的搭配展示，强调整身搭配效果。一根杆陈列一款货品，最多可陈列两款。

③双面型——以正面加侧挂的形式展示，承货量更大，在货量大时使用。统一主题，颜色不得超过4种，色彩交叉对称，上下装及薄厚装搭配展示，强调整身搭配效果。

（2）陈列展桌：

①双层展桌——陈列基本款式，此桌面也可以完全展示货品。

②人形模特模型组合展架——人形模特模型要演示桌面陈列的款式，陈列3～4件货品，上下装搭配展示，同款不同色。

③展桌总体陈列规则——统一主题，颜色不得超过4种，色彩交叉对称，上下装按比例展示，选择较为休闲的面料和款式展示，不可陈列雪纺、羽绒服、皮衣货品,折叠服装要展示出货品的细节，货品统一朝向主客流通道。

3．人形模特模型演示

（1）半身人形模特模型，半身模特模型要以套穿的形式展示货品，并巧妙地运用配件进行修饰，细节要整理到位，如腰带、拉链等。适当地点缀配饰，可以丰富其颜色，提升人形模特模型的价值。

（2）全身人形模特模型，模特以组为单位进行演示时，要统一风格，颜色相互呼应和贯穿，采用层叠套穿、添加配饰等多种手法把人形模特模型打造得丰富多彩，达到最直观的展示效果。

4．配饰品陈列

（1）配饰区以配饰墙和配饰展架组成，会出现在大型店铺当中，且位于收款台附近，更加方便顾客挑选配饰。

（2）配饰要求重复出款，大类划分整齐，达到丰满、丰富的货品形象，从而促进顾客的购买欲望。

四、店铺形象维护及陈列管理

1．试衣间

试衣区是顾客使用率较高的区域，试衣是销售商品过程中最重要的一个服务环节，必须提供给顾客一个良好、舒适的试衣环境。

（1）区域内应灯光明亮、音乐优雅、室内无异味；

（2）试衣间内无粉尘、无污渍；

（3）试衣凳与试衣鞋成对角线摆放；

（4）试衣凳表面清洁，无脚印；

（5）墙面无污点、无手印；

（6）地面无毛发、无杂物。

2. 库房

库房货品要管理有序，环境要干净整洁。

（1）室内保持干净整洁、无异味；

（2）员工物品与货品分开存储；

（3）商品做到分类叠放整齐，标示清晰，易于找货及盘点；

（4）过季货品应及时封箱。

问题讨论

针对品牌陈列手册内容，试着讨论该卖场陈列设施、动线布局、三大空间的陈列设置是什么样的。

▶ 练习题

连续两个月访问一个熟悉的有视觉营销VMD陈列团队的服装品牌店，经过对卖场的调研，以一名陈列管理者的身份认真填写以下内容，评估被调研卖场的陈列（人员）工作，找出不足之处，撰写对该品牌陈列绩效考核报告（表10-7）。

表10-7　陈列（人员）的绩效考核管理内容

品牌		地点			分值		综述（文字）	
指标类型	考核项目	工作时间与内容		具体完成情况的描述	所占分值	应得分值	优点	缺点
		月　日	内容					
陈列具体工作	商店VP空间陈列		陈列需调整		15			
	商店橱窗		橱窗效果与维护		15			
	商店海报		海报更换		10			
	商店试衣间维护		试衣间体验		10			
	壁面、中岛陈列		陈列技法		10			
	新品上市陈列		陈列技法		10			
	陈列道具维护		新旧破损		10			
	照明光源调整		正确投射		10			
	店员面貌形象		店员形象		10			
总 分					100			
备注								

2009年2月4日 晴
屬于我們的
屬于我們
THE
THINGS
SWEET
我們很幸

附录　大连工业大学服装学院陈列设计方向学生陈列设计作品

大连工业大学服装学院陈列设计方向的学生要掌握陈列应用（色彩、配搭、调整、形象塑造、商品陈列设计）、陈列管理（道具、物流、工作流程制订与执行）以及橱窗演示设计（根据各种节日、季节等主题活动，设计出可行性方案）三大块专业知识和实践能力。

在教学中要求学生从品牌视觉规划到创意设计、提案发表，最终要把“纸上谈兵”变成真实景象，并亲自动手施工完成1：1的橱窗设计（在本院陈列实验室内）。整个的教学和实践环节是具有创意和挑战的，因为学生要接触到市场采购、材料置景、道具工艺制作、成本控制等诸多环节，可以说这是锻炼学生综合能力、应变能力、培养团队作战能力的一项创新实践教学活动。

陈列设计方向学生不仅仅要掌握全面的陈列专业知识，更要具备国际化的陈列理念和设计思维。理念和设计不是经验论，需要接受系统的学习才可以获得。从教学到实验，再从实验到实践，环环相扣，缺一不可。在陈列结课作业和毕业设计中，低成本投入是重点考虑的因素。在同样可以表现出视觉效果的前提下，用环保、低价的材料是首选，这样可以培养学生将来在企业实际操作中的成本意识。

毕业设计要求学生独立完成服装系列设计制作以及该服装系列的全年VMD陈列企划（包含陈列标准手册和指导手册）、主题橱窗陈列实景制作。由于服装商品的类别丰富，各种品牌风格迥异，在设计中，学生从服装的定位和品牌的形象出发，根据大量的调研和卖场实践，以及对终端市场深度地了解后，进行可行性设计构思、小样制作，一直到亲自完成服装以及橱窗、道具的制作。

一、橱窗陈列毕业设计作品

1. “序”——品牌女装系列设计与VMD陈列企划

设计说明：“序”取自现代女性生活中的一种有序节奏与无序思绪的状态。定位于年龄在25～35岁的职场女性，将田园淳朴、自然、简约的风格带入现代快节奏的生活环境中，给人以“久在樊笼里，复得返自然”的舒畅心情和惬意，见图1~图5。

2. “普罗旺斯的猜想”——内衣品牌系列设计与VMD陈列企划

设计说明：灵感来源于普罗旺斯醉人的薰衣草花海。年龄定位在20～35岁女性，以浪漫风格为主题的春季内衣系列设计。主题橱窗突显了一种简单无忧、轻松慵懒的生活方式，一种宠辱不惊，看庭前花开花落；去留无意，望天上云卷云舒的闲适意境，见图6~图10。

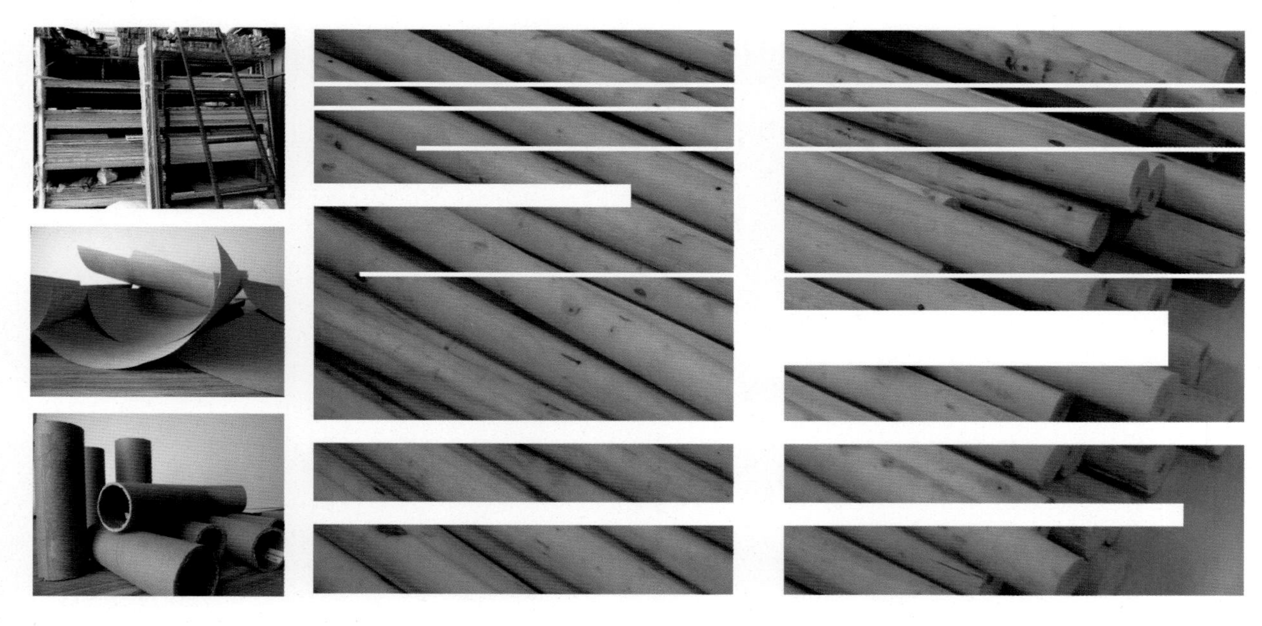

图 1

图 2

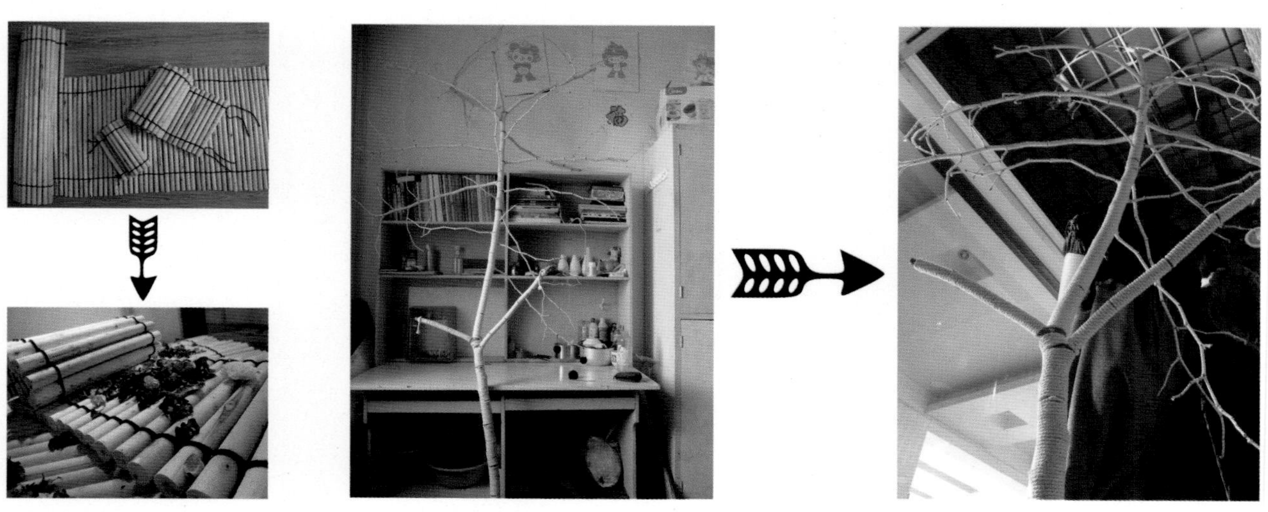

图 3

图 4

图 5

图 1 ~ 图 5，作者 05 级陈列方向：张阳
指导教师：穆芸

图 6

图 7

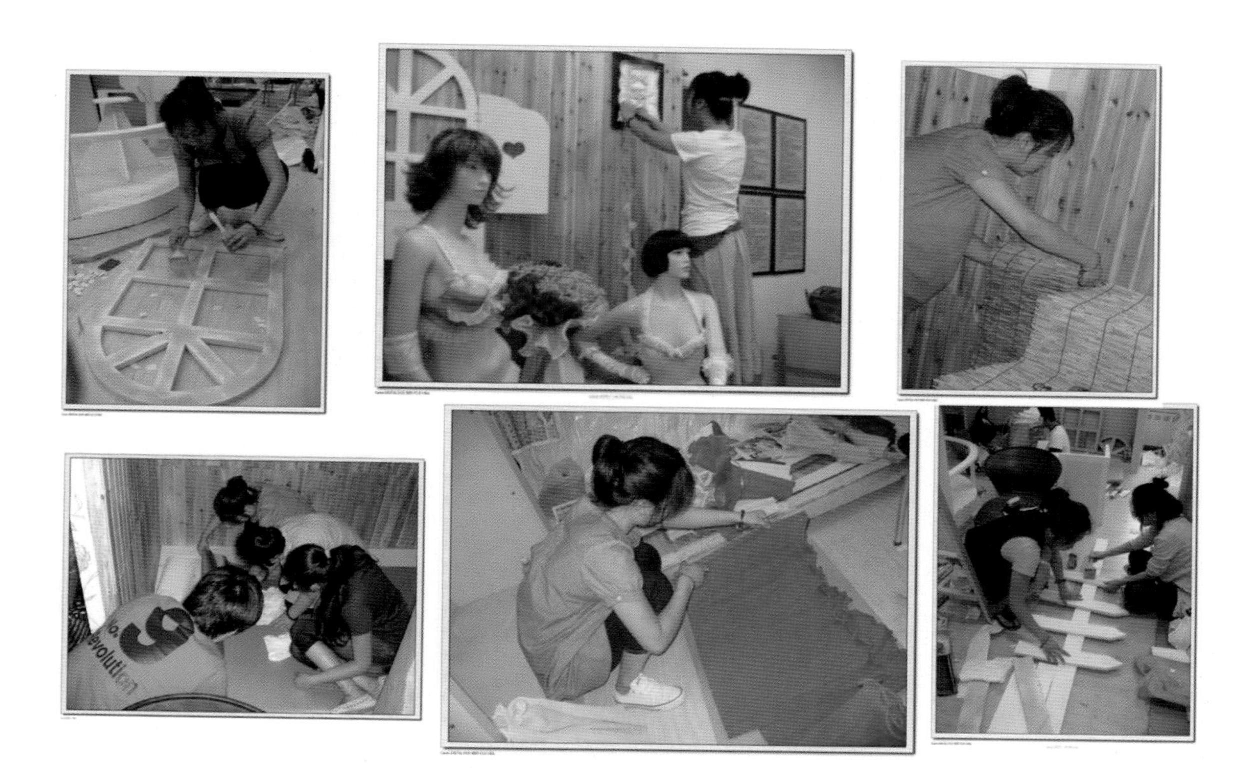
Revolution

图8

Proletariat
prosperous
Si's suspicion
Underwear
Provence

图9

图 10

图 6 ~ 图 10，作者 05 级陈列方向：马凌巍
指导教师：穆芸

二、陈列设计课程作业

图 11
作者 07 级陈列方向：王小洁
指导教师：穆芸、肖剑

图 12
作者 07 级陈列方向：王馨悦
指导教师：穆芸、肖剑

图 13
作者 08 级陈列方向：桑梓杨
指导教师：穆芸、肖剑

图 14
作者 08 级陈列方向：洪涛
指导教师：穆芸、肖剑

图 15
作者 07 级陈列方向：丁宁
指导教师：穆芸、肖剑

图 16
作者 05 级形象方向：孙鑫、张旖旎、李宇、翟林
指导教师：穆芸

图 17
作者 05 级形象方向：金令男、苗放、高瑞、杜瑶
指导教师：穆芸

中国纺织出版社推荐书目：服装陈列·买手·营销类

服装卖场陈列
定价：49.80 元
作者：李维　编著
出版时间：2012-9-1
I S B N：9787506488280

服装品牌色彩设计：让品牌畅销的色彩奥秘
定价：42.80 元
作者：[韩] 尹舜煌　著，王绮萌，李莹莹　译
出版时间：2013-10-1
I S B N：9787518000043

视觉之旅：品牌时装橱窗设计
定价：78.00 元
作者：（英）摩根　著，陈望　译
出版时间：2011-10-1
I S B N：9787506472623

服装品牌性格塑造
定　价：49.80 元
作　者：罗文慧　著
出版社：中国纺织出版社
出版时间：2011-10-1
I S B N：9787506476652

视觉·服装：终端卖场陈列规划
定　价：48.00 元
丛书名：国际服装丛书·营销
作　者：(韩) 金顺九，(韩) 李美榮，穆芸　编著　穆芸译
出版时间：2007-3-1
I S B N：9787506443005

时尚买手
定　价：30.00 元
丛书名：国际服装丛书·营销
作　者：(英) 戈沃瑞克　著，甘治昕，弓卫平　译
出版时间：2009-1-1
I S B N：9787506453295

全程掌控服装营销
定　价：36.00 元
作　者：崔彩焕　著，严正爱，李兰　译
出版时间：2009-1-1
I S B N：9787506453158

时装买手实用手册
定　价：32.00 元
作　者：冷芸　著
出版时间：2011-8-1
I S B N：9787506474184

中国纺织出版社推荐书目：服装陈列 · 买手 · 营销类

服饰品陈列设计
定　价：49.80 元
丛书名：服装高等教育“十二五”部委级规划教材（本科）
作　者：金　憓　主　编，周　兮　副主编
出版时间：2013-11-22
I S B N：9787518000388

服装外贸与实务
定价：39.80 元
作者：范福军，钟建英　编著
出版时间：2013-8-1
I S B N：9787506498616

服装买手与采购管理
定价：32.00 元
丛书名：服装高等教育“十一五”部委级规划教材
作者：王云仪　著
出版时间：2010-8-1
I S B N：9787506465663

服装商品企划学（第 2 版）
定　价：38.00 元
丛书名：服装高等教育“十一五”部委级规划教材
作　者：李俊，王云仪　主编
出版时间：2010-5-1
I S B N：9787506462662